U0211376

澳洲略影

吴国盛 著

中国科学技术出版社
·北京·

图书在版编目（CIP）数据

吴国盛科学博物馆图志. 澳洲略影／吴国盛著. —北京：中国科学技术出版社，2017.3（2020.8 重印）

ISBN 978-7-5046-7272-8

I.①吴 … II.①吴 … III.①科学技术－博物馆－澳洲－图集 IV.① N28-64

中国版本图书馆 CIP 数据核字 (2016) 第 259713 号

策划编辑	杨虚杰
责任编辑	鞠 强
装帧设计	犀烛书局
责任校对	杨京华
责任印制	马宇晨

出　版	中国科学技术出版社
发　行	中国科学技术出版社有限公司发行部
地　址	北京市海淀区中关村南大街 16 号
邮　编	100081
发行电话	010-62173865
传　真	010-62173081
网　址	http://www.cspbooks.com.cn

开　本	889mm×1230mm 1/32
字　数	165 千字
印　张	6.875
版　次	2017 年 3 月第 1 版
印　次	2020 年 8 月第 2 次印刷
印　刷	天津兴湘印务有限公司
书　号	ISBN 978-7-5046-7272-8/N · 216
定　价	48.00 元

目录

前　言   I

第一站　堪培拉国家科学技术中心   001

第二站　墨尔本科学工场   043

第三站　昆士兰科学中心   103

第四站　悉尼电厂博物馆   141

附　录　走向科学博物馆   203

前言

科学博物馆（Science Museum，简称"科博馆"）广义上包括自然博物馆（Natural History Museum）、科学工业博物馆（Science and Industrial Museum，简称"科工馆"）和科学中心（Science Center）三种科学类博物馆，其中自然博物馆专门收藏动物、植物与矿物标本，展示大自然的品类之盛；科学工业博物馆专门收藏科学仪器、技术发明和工业设备，展示近代科技与工业的历史遗产；科学中心基本上不收藏，以展陈互动展品为主，帮助观众在玩乐和亲手操作中理解科学。按照出现的历史顺序，这三类博物馆或可分别称为第一代、第二代和第三代科学博物馆。不过，它们虽然有历时关系，但也具有共时关系，因为后一代科学博物馆类型的出现并没有取代前一代，而是同时并存、互相补充。就此而言，这三类博物馆又可以称为第一类、第二类和第三类科学博物馆。在有些大型科学类博物馆中，这三种类型的展陈内容和展陈形式兼而有之、相互融合、相得益彰。

科学博物馆在弘扬科学文化、推动公众理解科学、提高公民科学文化素质方面，发挥着不可替代的作用。在我国，科学博物馆常见的称呼是"科技馆"或"科学技术馆"。近十多年来，随着经济实力的提高，我国从中央到地方陆续兴建和改造科技馆。我们也许可以说，中国正在进入科技馆的发展高峰时期。学习发达国家的科学博物馆，借鉴他们的成功经验，对中国的科技馆建设和发展具有重要意义。中国科技馆界需要更多的了解国外科博馆。

另一方面，随着我国人民生活水平的提高，出国旅游越来越成为时尚。在欧美发达国家，参观博物馆是旅游的重要项目，因为博物馆积淀了一个地区、一个民族的文化精华，是最重要的人文景观。中国游客早晚会养成参观博物馆的习惯，并且在参观博物馆中了解异域的文化、陶冶自己的情操。目前，参观艺术博物馆一定程度上成为共识，相关旅游指南多有出版，但科学博物馆尚未被更多的旅游者所了解。这个局面也需要打破。

2013年秋天，我受聘担任湖北省科技馆新馆内容建设总编导，全面负责内容建设布展大纲的编创工作。为了完成这一工作，过去两年来，我利用各种机会访问了许多发达国家的科学博物馆，拍摄了数千张照片。在中国科学技术出版社杨虚杰女士的大力支持下，我精选了若干展品图片，配上相应的文字，按照国别地区分册，集成了这套"吴国盛科学博物馆图志"，希望能够对中国的科技馆界和广大出国旅游者有所裨益。

位于南半球的澳大利亚是一块美丽富饶的大陆，17世纪被欧洲航海家发现，1788年成为英国殖民地。1901年六大殖民地经全民公决成立澳大利亚联邦，把墨尔本作为临时首都。1927年首都迁往新建城市堪培拉，1931年成为英联邦内的独立国家。这个年轻的国家，幅员广大、人口稀少，资源丰富、经济发达。2013年澳大利亚国内生产总值全球排名12，人均排名世界第5。作为发达国家，澳大利亚的科技发展水平也居世界前列。百年来，这个只有2000万人口的国家，已经出现了13位诺贝尔科学奖得主。澳大利亚重视提高全民科学素质，科学博物馆在其中扮演了重要的角色。澳大利亚六大行政区和两个领地均设有科学中心或科学博物馆。

2014年1～2月间，我在澳大利亚东部沿海地区进行了20天的考察活动，访问了悉尼（新南威尔士州首府）、堪培拉（首都）、墨尔本（维多利亚州首府）和布里斯班（昆士兰州首府）及其周边众多博物馆。其中，堪培拉的国家科学技术中心（National Science and Technology Centre）、墨尔本的科学工场（Scienceworks）、布里斯班的昆士兰科学中心（Sciencentre）和悉尼的电厂博物馆（Powerhouse Museum）等4个科学博物馆，是澳大利亚有代表性的大型科学博物馆。本书对此做一个浮光掠影式的考察和记录。

堪培拉
国家科学技术中心

NATIONAL SCIENCE AND
TECHNOLOGY CENTRE

堪培拉国家科学技术中心
NATIONAL SCIENCE AND TECHNOLOGY CENTRE

　　澳大利亚的国家科学技术中心（National Science and Technology Centre）位于首都堪培拉，它的另一个更著名的名字是 Questacon（以下简称 Q 馆）。这是一个生造的单词，由拉丁词 Quest 和 con 合成，前者意思是"to discover"（去发现），后者的意思是"to study"（去学习）。该馆由澳大利亚政府工业部管理，旨在推进公众理解科学，让公众发现科学中的乐趣和吸引力。中心以互动展品为主要展教方式（约 200 件），是澳洲第一座互动型的科学中心。

△ 澳大利亚国家科学技术中心外景——1月的堪培拉，天空湛蓝，阳光暴烈。

　　Q馆初建于1980年，创始人和首任中心主任是澳大利亚国立大学的物理学教授麦克·高尔（Mike Gore）。现在的新建筑（位于King Edward Terrace, Parkes, Canberra）于1986年动工，1988年12月23日正式落成开放。新建筑的投资为2000万澳元，其中一半来自日本政府和企业捐助。现任馆长是杜兰特（Graham Durant）教授（2003年就任，请注意不是那个更有名的约翰·杜兰特）。他曾经在威尔士大学接受地质学教育，在格拉斯哥大学工作25年并且成为那里的科学传播教授，曾经在格拉斯哥科学中心（2001年开放）的建设过程中发挥过重要的作用。在西方发达国家，科技馆馆长是公益性文化事业的负责

△ 堪培拉国家科学技术中心外景

人，职业化、专业化很强，像大学校长一样，经常一干
十几年甚至几十年，这样才能把一个文化事业经营好。
我们的科技馆馆长通常是有一定级别的行政官员，往往
缺乏专业背景和职业感，经常没干几年就换岗或升迁，
科技馆也就不容易搞好。

　　国家科技中心目前有 250 名员工，80 名志愿解说者。
每年约有 40 万参观者。除圣诞节外，全年每天上午 9 点
至下午 5 点开放。门票大人 23 澳元，4 ～ 16 岁小孩及其
他优惠者 17.5 澳元，4 岁以下免费。

前台大厅全景，正对是诺奖光荣榜，中间偏右是机器人，再右是滚球仪。

写着开放时间、门票价格、会员待遇的告知牌在科技馆实行会员制是发达国家通例。对观众而言，会员有很多很明显的优惠；对馆方而言，会员是稳定的参观者。会员制值得我们借鉴。

◁ 澳大利亚诺奖得主光荣榜:

1915 年的物理学奖得主布拉格 (Bragg) 父子, 1945 年的生理学奖得主弗洛里 (Howard Florey), 1960 年的生理学或医学奖得主伯内特 (Frank Burnet), 1963 年的生理学奖得主艾克尔斯 (John Eccles), 1964 年的物理学奖得主普罗可洛夫 (Aleksandr Prokhorov), 1970 年的化学奖得主卡兹 (Bernard Katz), 1975 年的物理学奖得主康佛斯 (John Cornforth), 1996 年的生理学或医学奖得主多尔蒂 (Peter Doherty), 2005 年的生理学或医学奖得主马歇尔 (Barry Marshall) 和瓦伦 (Robin Warren), 2009 年的生理学或医学奖得主布莱克朋 (Elizabeth Blackburn), 2011 年的物理学奖得主施密特 (Brian Schmidt), 共 13 人。

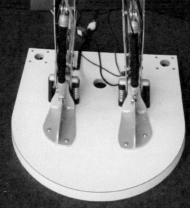

可以讲话打招呼的机器人

△ 天梯

　　Q馆位于堪培拉的首都办公区，格里芬湖的南边，比邻国立图书馆。此馆共三层8个展厅，各展厅由位于建筑物中央的一个环绕天梯串通起来。进门有一个机器人，还有一个在重力作用下的机械球滚动装置，名为Gravitram（或可译成"滚球仪"），都很吸引观众尤其是小孩子的注意力。当我进门的时候，只见一位须发全白的老者（应该是志愿者）驾驶着一辆立式电动两轮车来回穿梭，就像餐厅里侍者穿着滑冰鞋送餐一样，营造气氛。由于是国立科技馆，在进门显眼处也有澳大利亚诺奖者光荣榜（共13人）。为了感谢日本政府的捐助，一楼角落处还有一个日澳关系特展处。我去的这天是周四，不是周末，但人数还是不少。

◁ 日澳关系特展处

◁ 驾驶电动两轮车的志愿者

▷ 滚球仪（Gravitram）

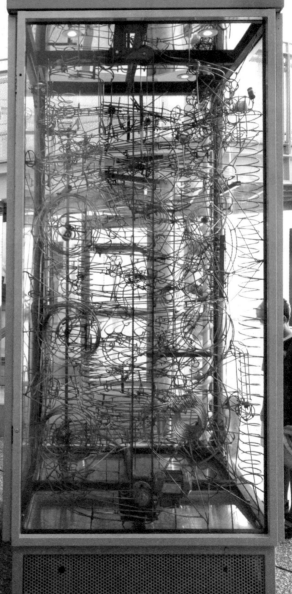

◁ Q馆共建单位名单   ◁▷ Q馆所获奖项展示

▲ 红外线琴弦竖琴（Light Harp）

　　我与所有观众一样，在一楼接待处排队买完票就开始沿着螺旋天梯往上走，按照设定的顺序从上往下看。天梯拐弯处设置了几个互动展品，让观众先感受一下。一个是红外线做琴弦的竖琴，可以用手在想像的琴弦处划拉几下，琴就发出乐声。第二个是调整声音频率，可以让管子中的水谐振起来。还有一个悬在空中的由风沙形成的美丽复杂花纹的大沙盘。最具创意的是挂在墙上的一个外表老式的重锤机械钟，中间的圆球可以显示月相的变化。这个展品是一位叫 Tim 的雕刻家专门制作的。

▷ 水管谐振（Pipe Play），
观众可以转动旋钮调整振动
频率，直到管子中的水产生
谐振效果，自激放大，在管
子里欢腾跳跃。

▷ 风吹沙盘

▷ 艺术家 Tim 设计的重锤机
械天文钟，挂在一楼机器人
的上方。

◁ 测量岛（Measure island）入口处，设计充满童趣。

▽ 10 进制和 12 进制的钟表，试着换算一下还真不是那么容易。

第 1 展厅——临时厅

第 1 展厅（Gallery 1）不是固定展厅，2013 年 12 月至 2014 年 4 月的临时展品是专门讲测量的"测量岛"(Measure island)。展厅内有各种量器量具：有用来验证王冠是否是纯金制造的阿基米德的天平，有采用 12 进制和 10 进制两种表达方法的钟表，有测量心跳速率的仪器，有测量风速风向的仪器，有测量不规则长度的专用量尺，有演示频率与摆幅无关的单摆。

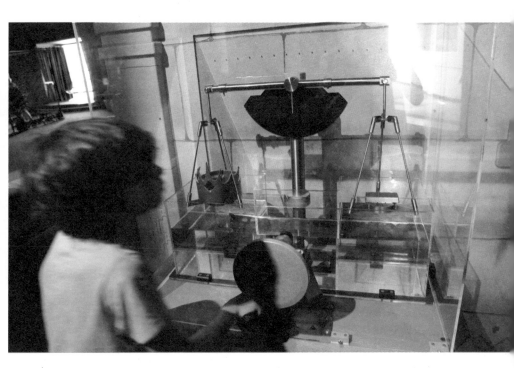

△ 阿基米德的天平。观众通过转动手柄将天平抬起落下。当天平整个离开水面时，左边的王冠
和右边的金块正好平衡。当天平全部浸入水中时，如果也是平衡的，那就说明王冠的确是纯
金制造的；如果不能平衡，那就说明王冠里掺了假。

阿基米德天平的操作说明。用漫画方式来表达，表明布展人心目中的观众就是小孩。

As Strong as Air

How strong is air pressure?

Push the two hemispheres together to form a ball.

Turn the handle to remove some air from inside the ball.

Try to pull the ball apart.

Press the red button to let air back inside the ball and release the hemispheres.

Air may be invisible, but air pressure is quite strong!

When this experiment was done in 1654 (in Magdeburg, Germany), even 16 horses couldn't pull the evacuated hemispheres apart!

When you remove air from inside the ball, the air pressure inside the ball becomes less than the air pressure outside the ball. So, the surrounding air presses down upon the hemispheres and they stick together.

The slight vacuum inside the ball does not 'suck' the hemispheres together.

Imagine a one litre carton of milk (about one kilogram) resting on an area of one half of a postage stamp in size (about one square centimetre). This is the strength of atmospheric pressure at sea level.

Differences in air pressure allow liquid to drink you to through a straw.

△ 像空气那样有劲（as strong as air），观众先转动左边的手柄抽气，在中间紫色的小球内制造真空，面板上的气压计指示小球内气压的数值，使劲压右边的杠杆可以把小球分成两半。

　　在第 1 展厅和第 2 展厅的过渡区，摆着一个关于真空的互动展品。观众可以通过手摇手柄在两个半球拼合成的整球中制造真空，然后试着打开两个半球，感受大气的压力。这个互动展品很生动直观地体现了历史上马德堡半球实验的思路，缺陷是半球做得比较现代，没有历史气息，周边的环境也没有让人联想到这个历史上的伟大时刻。

　　的确，目前世界上一般科学中心的互动展品，都倾向于关注科学原理的演绎和展示，而忽视科学的历史背景。科学中心的这种布展原则往往让展区更像车间、实验室、工业产品展示会和儿童游乐场，或冷冰冰，或闹哄哄，而缺少人文、历史和艺术的气息。如何把高科技互动展品的吸引力与传统博物馆的庄重、典雅气质结合起来，是未来科技馆建设中应该注意的一个问题。

◁ 读心（Read My Mind）。双手握住黑色的短棒可以测量心跳速率。

◁ 风速风向测量器。观众可以按不同方向的按纽开启该方向的风（Press button to blow wind）。

第 2 展厅——Wonderworks

第 2 展厅是"惊奇厅"（Wonderworks）。厅里各式各样的光线经过科学的搭配，产生各种艺术效果，比如制造一个海鸥、绘出一幅彩图、产生辉光等。厅里还展示一些数学上令人惊奇的可能性，比如让一根直棍通过一个曲线。在之后两个展厅的过渡区，有一个云室。

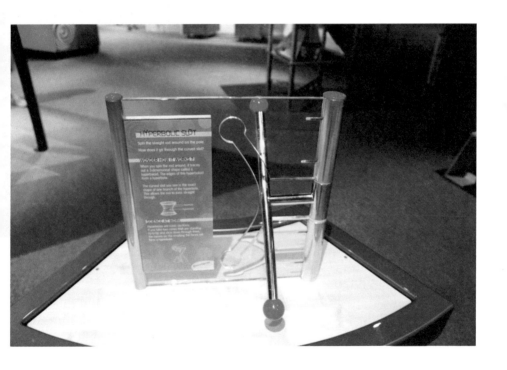

◁ 直棍通过曲线（hyperbolic slot）

△ 在墙上制造一只海鸥的彩色影像

第 3 展厅 ——Awesome Earth

第 3 展厅是"令人敬畏的地球"（Awesome Earth），主要讲解和展示地学理论。展品有的展示地球四季的成因，有的展示澳洲不同地区的景观。有一块大屏幕，上面演示全球范围内白天和黑夜的交替。还有的展品表现大地板块模型，或展示地球内部温度的模型。太阳系模型、潮汐成因的模型、演示海浪海啸成因的经典水箱、地球仪、塌方模型、地震体验室等一应俱全。

△ 大屏幕上，世界各地的白天黑夜情况。

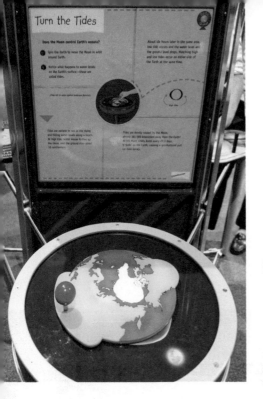

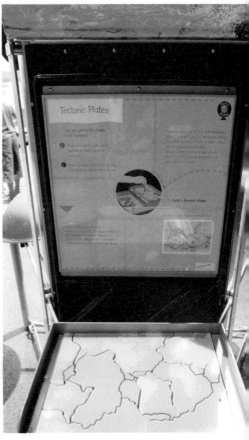

◁ 潮汐成因模型（Turn the Tides）

▷ 大地板块模型拼图版（Tectonic Plates）

△ 自转与离心力。这个展品展示太阳和地球在自转过程中由于离心力的作用赤道地区会有所隆起，两极距离变小。观众通过转动红色手柄带动那个黄色的皮球旋转，皮球延着经线被剪了几刀，因此在自转过程中很容易被"压扁"。用这种方式来表现离心力，很有创意。

△ 四季成因。通过转动地球，理解四季成因（Season in a Spin）。由于地轴与黄道面保持固定不变的倾角，在公转的过程中，有的时候北半球朝着太阳，有时候南半球朝着太阳。朝着太阳是夏季，背着太阳是冬季。

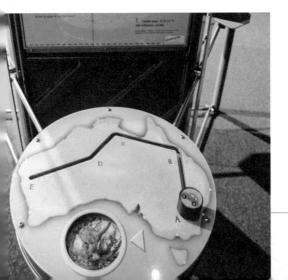

◁ 澳大利亚不同地区的景观（Landscape Journey）。滑动带汽车图案的圆钮，下方圆形的窗口里就显示圆钮所到之处的大地特征景观。

◁ 模拟滑坡塌方（Landslide!）

◁ 地震体验室（Earthquake House）

▷ 在这个地球仪上，你可以先找到自己的家乡，然后再看如果从家乡往地心打一个洞的话（Dig a Hole），会通往地球的哪个地方？

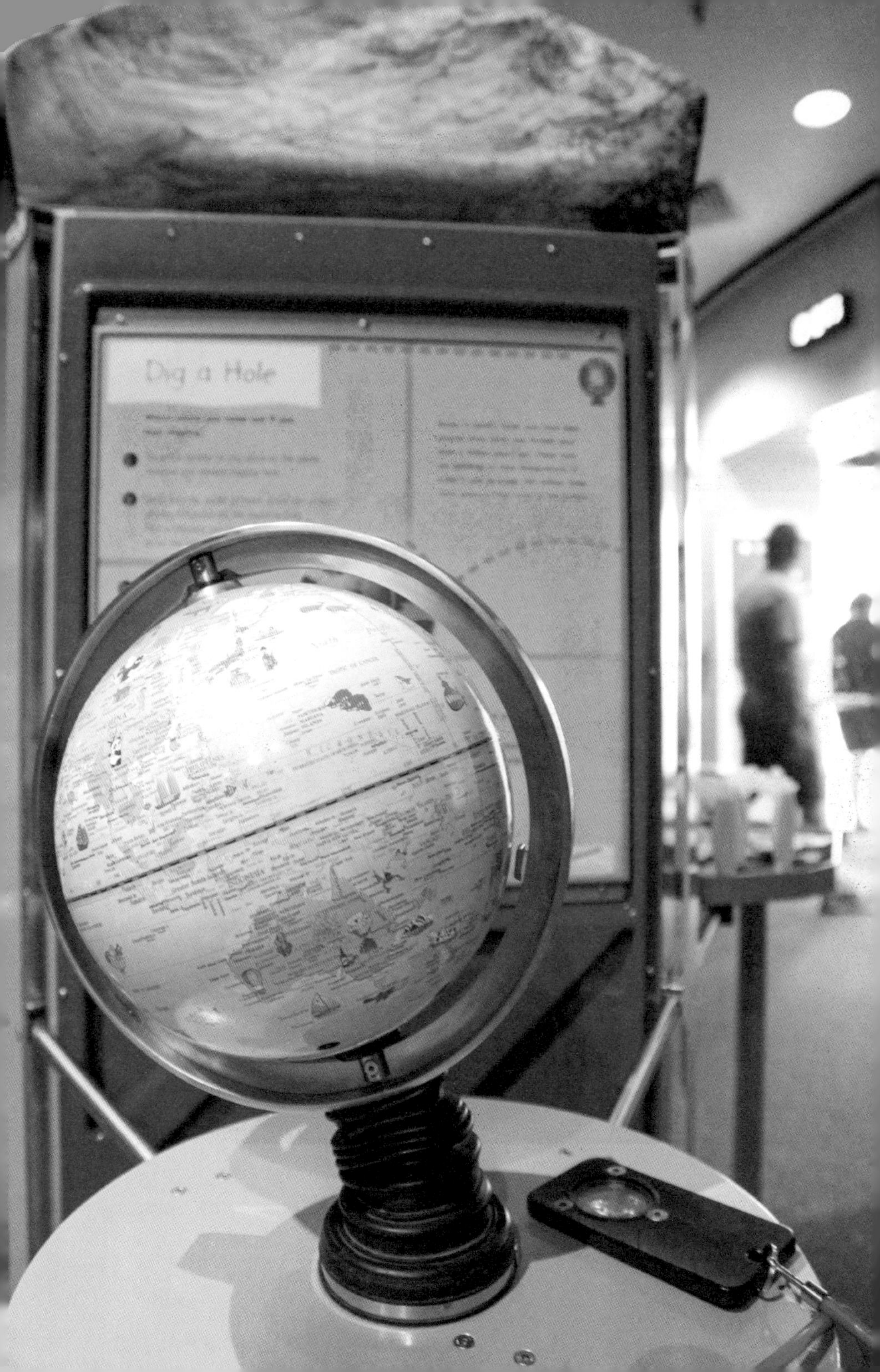
Dig a Hole

◁△ 太阳系模型。

▷ 地球内部模型。

▽ 模拟海啸的水箱。

第 4 展厅——Q Lab

　　第 4 展厅是"Q 实验室"（Q Lab）。观众可以在工作人员指导下做一项实验，也可以自己来做。比如，你可以试着让一个沿斜面下落的球最后以抛物线射出，钻过所有的铁环，这需要调整下落的高度或铁环的位置；你可以研究一下元素周期表中每个元素格子里的主打物质材料，也可以触摸另一个屏幕上的元素周期表以获取有

▽　斜面落球钻铁环

关元素名称之由来的信息；你可以搞齿轮搭配组合，获得不同的速度；也可以研究鸡身体的内部结构。一位志愿者在这里穿着带着"血污"的白衣服，推着一个布制人体模型，跟孩子们讲解人的解剖结构。他的装扮略显恐怖，讲解绘声绘色，吸引了许多观众的注意力。实验室里的显微镜和待观察的东西（比如镶嵌在玻璃中的昆虫）均制造得坚固结实，不怕拍打。3D 打印制品亦很新潮。

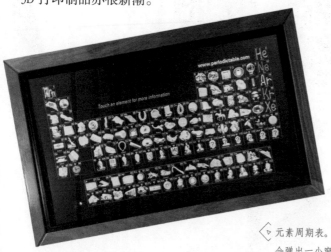

▷ 元素周期表。你任意触摸一个元素，屏幕
　会弹出一小窗口介绍这个元素的情况。

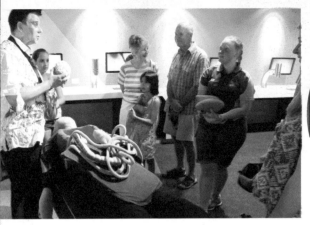

◁ 用布制人体模型解说人体结构

◁ 鸡身体的内部结构

◁ 经显微镜放大的标本显示在墙上的大屏幕上

▽ 齿轮搭配组合

显微镜以及镶嵌在玻璃中的昆虫标本

第 5 展厅——Multi-purpose space

　　第 5 展厅是"多功能空间"（Multi-purpose space）。厅里面有一些小型的物理学互动展品，比如摆棍加小球，小球放在不同位置以测试不同角动量；视觉暂留；绳索的结与解；磁铁吸收铁屑形成图案等。关于抛物线焦点的演示装置，让与中轴平行入射的球无论从什么方向撞向抛物线的边缘，都会落到焦点处。判断实球与铁环下落的速度哪个快，借此了解角动量的相关知识。

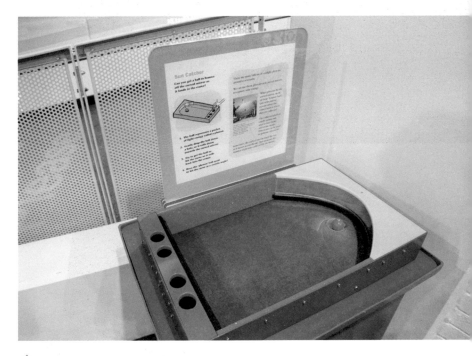

◁ 追太阳者（Sun Catcher）。观众可以把球从四个洞中的任意一个投入，最终都会落入焦点处。

◁ 绳索的结与解

▷ 实球与铁环下落速度哪个快？

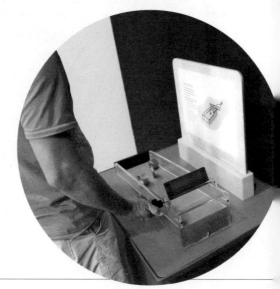

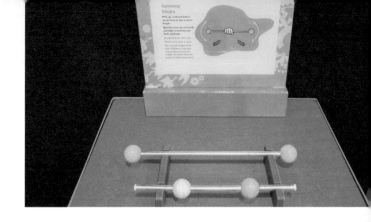

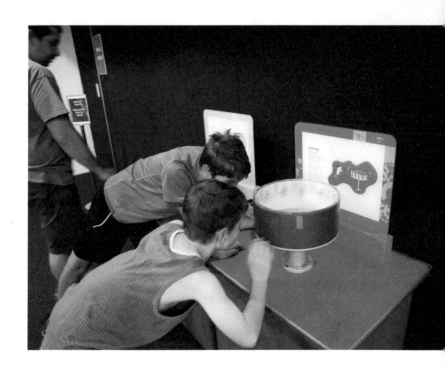

△ 棍加小球（Spinning Sticks）

▽ 视觉暂留（Zoetrope）

磁铁吸引铁屑形成团块

第 6 展厅——Mini Q

第 6 展厅叫做 Mini Q，即"小科技馆"，是专为 6 岁以下的孩子建造的。一个巨大的管道一刻不停地传输有一定压力的空气，孩子们可以先把手绢塞进去，再通过调整开关，让手绢从不同的地方被吹出来。还有秋千等游乐设备。

◁ 气流管道

第 7 展厅——Excite@Q

　　第 7 展厅叫 Excite@Q，是一个带点疯狂刺激的儿童游乐厅。我没有进去细看。

第 8 展厅——H₂O

第 8 展厅在一层中央厅,名字叫"水"(H_2O),展示各种和水有关
的互动展品。

室外

    Q馆的室外被也充分利用起来,有打击乐和千里传声设备等。这些东西我在广东科学中心也都曾经见过。由于这一天天气实在太热,在户外不能久留,匆匆一瞥就告别了堪培拉国家科学技术中心。

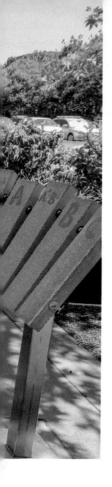

　　总的感觉，这个国家级的科学中心面积不大，设备简朴，不够高（端）大（气）上（档次），不符合我们中国人心目中的国家级科技场馆的形象。特别是，由日本捐献一半的建设经费，尤其让我们中国人感觉别扭，好像澳大利亚是一个贫穷的不发达国家似的。

　　澳大利亚国立科技中心建成这样的规模、这样的简朴、这样的小巧低调，我想可能有这样几个原因。第一个原因是人口较少。澳洲人口本来就只有2400万，相当于我们一个中等省份（比如内蒙古），而它的首都堪培拉人口更少，只有38万人。第二个原因可能与建馆方的财力不足有关。澳大利亚是一个联邦国家，受各种法律的制约，联邦政府的财力未必有州政府那么雄厚。Q馆属于澳大利亚联邦政府的工业部管辖，自身财力不足，要依靠日本财团的支持才建成此馆。此外，联邦历史较短，没有自己的历史藏品，只能走科学中心的路数。

　　就其作为科学中心而言，这个馆体现了低调务实的风格。各个展品并不追求让人眼睛一亮的感官刺激，展品尺寸通常不大，很像是一个专为儿童设计的科学中心。在布展内容方面，缺乏清晰的主题。各厅之间展品的分类原则不十分清楚，有一定科学知识背景的成年人来看，会觉得有些零乱。

墨尔本科学工场

SCIENCEWORKS

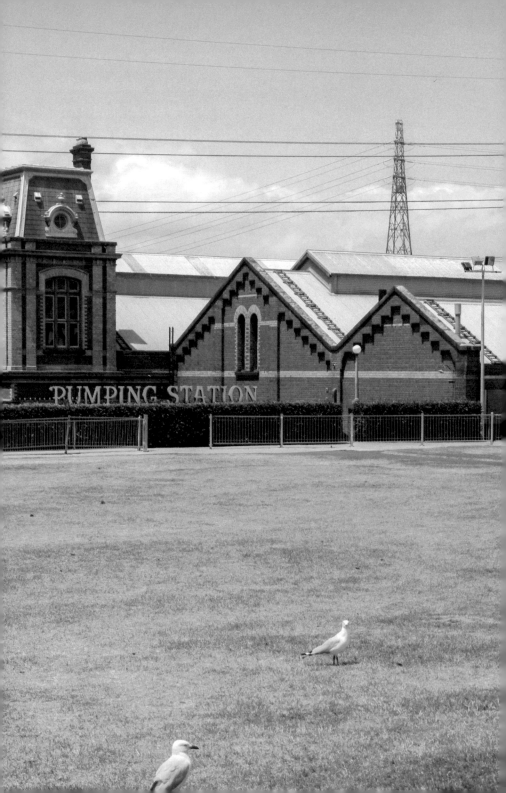

墨尔本科学工场

SCIENCEWORKS

墨尔本（维多利亚州的首府）的科学工场（Scienceworks）创意于 20 世纪 80 年代中期，创建于 1992 年 3 月 28 日。建设投资 2330 万澳元。截止到 2013 年 3 月，21 年间有接近 800 万观众参观。近年来，平均每年有 50 万人参观，每天约 1400 人。

　　科学工场建在雅拉河（Yarra）西岸斯伯兹武德（Spotswood）地区的老污水处理厂（Pumping Station）的位置。污水厂始建于 1897 年，运行了 68 年，直到 1965 年退役关闭。80 年代，维多利亚州立博物馆（澳大利亚最大的公共博物馆组织）决定在这里创办一个互动型的新型科技场馆，向观众展示科学和技术的有趣、新奇和吸引力。1999 年，在科学工场里面增加了墨尔本天文馆（The Melbourne Planetarium）。这个天文馆第一次采用数字而非光学技术来模拟天象。整个科学工场只在耶稣受难日和圣诞节关闭，其余每天都是上午 10 点到下午 4：30 开放。门票成人 10 澳元，16 岁以下免费。

△ 墨尔本科学工场接待厅

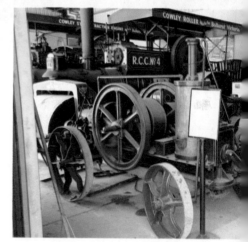

◁ 中央活动广场

▷ 旧的可移动式蒸汽动力机

　　国内的科技馆都是周一关门或者周一和周二两天关门，而且据说是国际惯例，不知道这个惯例来自哪里。

　　我当时住在威廉姆斯镇（Williamstown），离科学工场很近，开车十分钟就到了。工场提供停车场，停车费只收 2 澳元，非常便宜。我到的时候还不到 10 点，外面观众排着长长的队等待开门。从整个澳大利亚的物价水平来说，10 澳元的门票是很便宜的，比堪培拉的国家科学技术中心（23 澳元）也便宜许多。科技馆里有不少志愿者，排队时跟一位老志愿者攀谈了几句，他说这里有数百名志愿者登记在册。

　　整个科学工场空间上可以分成三大部分，一是主展厅（西端），二是中央活动广场，三是东端的污水处理厂。中央广场上有圆形剧场，有巨大的日晷和千里传音装置，旁边还有一个仓库，陈列有旧的可移动式蒸汽动力机、蒸汽拖拉机工程车，另外还有儿童游乐场。主展厅是科学工场的主体，分成科学嘉年华（Carnival of Science）、预见（think ahead）、数学迷（mathamazing）、真相超级城（Nitty Gritty Super City）、健身房（Sportsworks）和墨尔本天文馆（Melbourne Planetarium）几个部分。

PUMPING STATION

◁ 废弃的污水处理厂

◁ 千里传音的抛物面

▷ 巨大的日晷

How far can you whisper?
Ask someone to listen at the other dish while you speak into the ring facing the dish

Can they hear you?
The other person hears you clearly because the curved shape of the dish focuses the sound into the ring at their end

Try standing between the dishes and eavesdropping on another conversation!

◁ 中央活动广场

◁ 中央活动广场，上面就是高速公路。

▷ 中央活动广场中的儿童游乐设施

△ 计数的历史简介，从算盘、计算尺到几代计算机。

"数学迷"展厅——Math Amazing

"数学迷"展厅有计数的历史简介，从结绳记事、算盘、计算尺、手摇计算器到现代电子计算器。有抛物面焦点的演示，让球垂直落下最后总是弹回到焦点处。有椭圆焦点的演示，只要球从一个焦点滚出，无论朝什么方向运动最终都会落到另一个焦点处。有实现二进制的落球模型。还有最速降线、搭拱桥、巨大的圆规、一笔划问题、巨大的婆罗门塔、落球的概率分布等科技馆常见的互动展品。

与堪培拉的国家科学技术中心相比，这里的展品普遍尺寸要大，更有气派。

"数学送"展厅（Math Amazing）的招牌

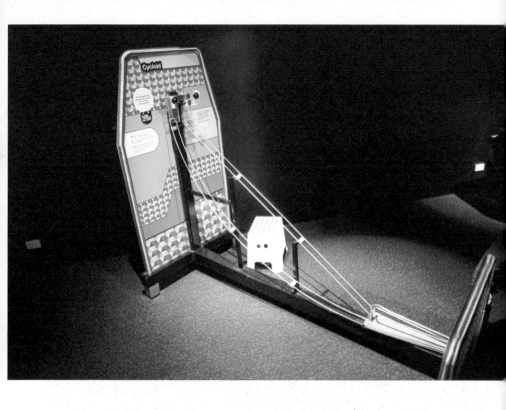

◁△ 最速降线问题。沿摆线与斜面下落的两个球（Cycloid），哪个球最先到达终点？
当然是摆线的那个。伽利略 1630 年最早提出最速降线问题，他当时以为圆弧是最速降线，
但这个答案是错误的。1696 年，瑞士数学家约翰·伯努利发现正确答案是摆线，或称
旋轮线。

◁ 这个装置由一个旋转着的绿光构成一个圆锥体，观众可以用透明胶片去切割这个绿光圆
锥体，不同的切割角度可以得到不同的曲线。这个装置是我所见过的表现圆锥曲线最生
动最直观的装置。

抛物面焦点演示（Parabola）。把图中粉红色的富有弹性的皮球从抛物面上任何一个地方释放让其自由下落，碰到抛物面后必定反弹为抛物面的焦点处。表达这个数学原理的装置很多，可以比较一下堪培拉国家科学技术中心的相关装置，可以发现这个装置更好玩。

椭圆焦点的演示。如果把女孩手中的小斜面放置在椭圆的另一个焦点处，不管从这个斜面上滚下的球朝哪个方向运动，最终都会落入另一个焦点的洞里。这个展示的关键是要把小斜面准确放置在焦点处。

△ 巨大的圆规　　　　　▽ 七桥问题与八桥问题，本质上是一笔划问题。

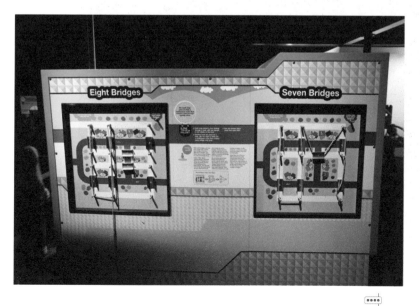

△ 落球的概率正态分布。观众可以
记下每次落下的位置,进而总结
概率分布的规律。

▽ 婆罗门塔。多数科学中心都会有婆罗门塔,但这里
的婆罗门塔是我见过的尺寸最大的。4个中空圆盘
要移到另一个柱座上去,而且在移动的过程中始终
必须保持小的在大的上面,至少需要移动15次。

△ "预见"展厅的入口处

"预见"展厅——Think Ahead

　　本厅有光学展品，比如激光立体成像、各色光的合成、视觉暂留、复眼等。有科学舞台，有牛顿摆展示第三定律，有伏打电池的原理展示。还有汽车、火车、轮船、飞艇、飞机等多种交通工具的模型展示柜。有苹果品种优化过程。有生态圈模型，以及未来的绿色生活的模型（利用风力、太阳能等提供能量）。有来自不同时期的冰川的冰柱样本，看看里面污染程度的变化。这个展厅有许多展品是面向未来的，富于探索性。

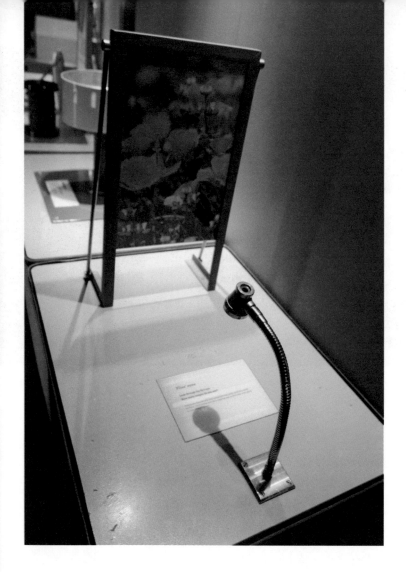

◁ 体会苍蝇的复眼。通过那个灯头上的小孔，可以像苍蝇那样看到许多个像。

◁ 3D 打印出来的凹面人面。观众在变化位置时，仿佛这个人面的表情也在变化。

△ 科学舞台

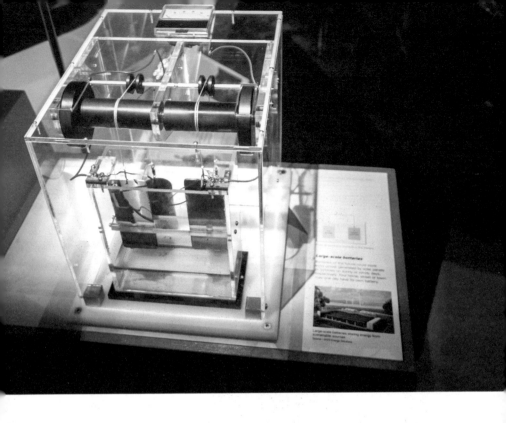

◁ 伏打电池的原理展示。当两个不同的金属板浸入导电液中时，就会产生电流。

多种交通工具的模型展示柜

◁ 牛顿摆展示牛顿第三定律

▽ 未来的绿色生活的模型（利用风力、
太阳能等提供能量）

▷ 微型生态圈模型

△ 来自不同时期的冰川的
冰柱样本。

"健身房"展厅——Sportsworks

　　在这个展厅里，可以了解自己的身体，诸如测量身高、体重、臂长、手的握力，也有玩偶骑自行车、短跑测速、划船、投篮、残疾人车、手臂动作的机械演示、滑雪等与体育运动相关的科学知识及技术模拟。

Body talent – grip strength

玩偶骑自行车

手的握力测试仪

◁ 短跑测速　　　◇ 划船模拟

△ 坐残疾人车比赛

◁ 滑雪模拟

投篮模拟

△ 手臂动作的机械演示

△ 蒸汽机车模型

　　在几个门厅处，展示有蒸汽机车模型。有启发性的是，观众可以通过打气的方式为蒸汽模型补充高压气体，从而让这个模型启动起来。这比用内置电动机发动节省能源，而且更有乐趣。

"科学嘉年华"展厅——Carnival of Science

　　"科学嘉年华"是为较小的孩子准备的，更具娱乐性。入口是一个旋转式的门，关上门之后会产生短暂的黑暗，但很快就进了游乐场内部，给孩子们一个惊喜。里面的展品有：滑轮组将自己提升，跳上一个踏板看看自己能产生多少动能从而让其中的一个球弹到一定的高度，不同重心的轴如何上升或下降，钓鱼，在转动的两个相对的椅子坐好后互相投球看是否能够投到对方手上，还有声音有点恐怖的断头台，球在弯道上的下降滚动，睡钉板，隐身镜等。展品都很经典而且好玩。

　　▽　"科学嘉年华"（Carnival of Science）。大门中间是一个转门，两边挂着帷帐，透着一些神秘色彩。

△ 通过滑轮组可以把自己
轻松提升起来

◁ 睡钉板（Bed of Nail）。
观众躺上去之后，可以自
己把数千枚铁钉从床下
面升上来，让自己躺在钉
板上，但并不感觉受到伤
害。这个装置十分生动地
展示了压强的概念。

"真相超级城"展厅——Nitty Gritty Super City

　　"真相超级城"在二楼，楼梯处有一个瓦特蒸汽机的模型，可以按动按钮让它运动起来。这个模型做得虽然小但非常精致、非常逼真。还有好几个比较新一点的蒸汽机，也可以通过按按钮驱动，主要是演示往复式运动如何转变成转动或反之。这个展柜展示蒸汽引擎的工作原理。

◁ 瓦特蒸汽机模型

Press the buttons to operate the machines

△ 蒸汽机模型

真相超级城（Nitty Gritty Super City）。面积较大，互动性较强。展厅里有钢琴，你可以看到里面琴槌的运动和敲击；有厨房和各种食物模型；有垃圾堆层；有像木鱼一样的打击乐器；有一个巨大的垃圾分捡机器在工作；旁边有一个模拟的机械，让观众自己操作来分类垃圾；有孩子们可以操作的液压传动挖土机，当然是挖塑料球堆；有一个较大的搬运场，孩子们在这里使用多种工具，合作劳动；还有一个城市交通模型；还有显微镜下的蝴蝶和旧式的自行车；另外，还有展示杠杆原理的起重工具，孩子们直接使用的各种扳手。

◁ 厨房和各种食物
模型

◁ 弹琴时钢琴里面
琴槌的运动一目
了然

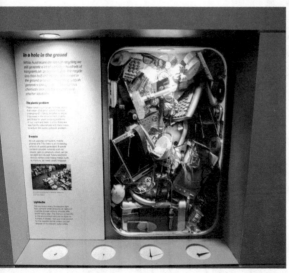

 巨大的垃圾分捡机

 垃圾堆层

模拟垃圾分类的机器

巨大的垃圾分捡机器

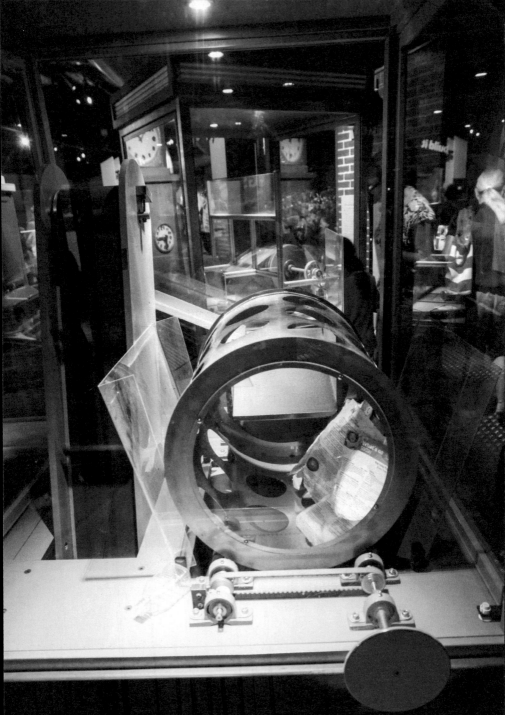

◁△ 显微镜下的蝴蝶

◁◁ 模拟垃圾分类的机器

合作劳动撤运场

可操作的采用液压原理的挖土机,可以挖塑料球堆。

城市交通模型

◁ 展示杠杆原理的起重工具

▷ 各式扳手

▽ 旧式的自行车

△ 墨尔本天文馆（Melbourne Planetarium）

墨尔本天文馆

　　"墨尔本天文馆"也设在科学工场内部，入口大厅里有几个展品很好。一个是 Orrery（太阳系仪），说明牌上说，Orrery 是 1715 年制造出来献给英国的奥瑞（Orrery）伯爵的，所以就以他的名字来命名一切太阳系仪（维基百科上说，钟表匠格拉汉姆于 1704 年制造出第一台太阳系仪，后来另一位钟表匠罗利仿制了一部献给第四世奥瑞伯爵）。用手摇动手柄，可以让太阳系内各行星按照自己的公转轨道绕太阳转动。此外还有一些当年的测星仪、星图等观天设备展出。其他展品还有：黑洞模型，演示一个小球最终必定落入洞中；陨石标本；现代宇航设备等。其中有意思的一个说明是，条型码首先就是美国 NASA 开发出来的，后来在日常生活中特别是在超市里大展其才。还有一个旧的天象仪也在陈列之中。

太阳系仪（Orrery）。观众可以手摇黄色小手柄转动里面的行星。

◁ 黑洞模型（Black Holes）

◁ 陨石标本

◁ 星图（PHILIPS' PLANISPHERE）
以及观星设备

PHILIPS' PLANISPHERE
SHOWING THE
PRINCIPAL STARS
VISIBLE FOR EVERY HOUR
IN THE YEAR

我买了票（大人 6 澳元，小孩 4.5 澳元）进天文馆内看了一场名叫"第谷去月球"（Tycho to the Moon）的 40 分钟球幕动画短片，讲的是一条叫第谷的狗如何去月球旅行的故事。看完片子后，又有讲解员出来讲解了 10 分钟的墨尔本地区的星空。这当然是天文馆的经典必备项目。

从 1897—1965 年间，斯伯兹武德（Spotswood）污水处理厂是墨尔本市的污水处理中心，现在改造成了一个博物馆。几个大型的水泵机械还在，其中一个还可以定点发动起来向观众演示。还有一些模型，也是互动的。附近有一个大型车间，里面有许多老旧的各式机械。

◁ 球幕影院

◁ 现代宇航设备

▽ 污水处理博物馆外景

墨尔本地下污水网络模型

污水处理博物馆外景

墨尔本地下污水网络模型

当年工作时的斯伯兹伍德抽水机照片

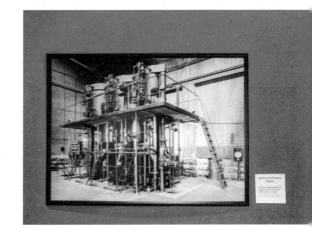

△ 水泵机械一

◁ 水泵机械二

△ 水泵机械三

总的来讲，与堪培拉的国家科学技术中心相比，墨尔本科学工场的展品内容更加丰富，既有互动展品也有历史藏品。互动部分也做了明确的分类，满足不同年龄层次观众的爱好。此外，这里的展品也明显尺寸高大、更加精致。为什么墨尔本科学工场门票便宜，而展品更胜一筹呢？我想还是因为，比起联邦政府，维多利亚州有更悠久的科学传统，也有更雄厚的博物馆建设资金。

◁ 水泵机械四

昆士兰科学中心

SCIENCENTRE

昆士兰科学中心

SCIENCENTRE

　　昆士兰科学中心位于昆士兰州首府布里斯班，是昆士兰州立科技馆。其英文名称 Sciencentre 是一个拼凑词。澳大利亚好几个科技馆的名字都是如此：堪培拉的国家科学技术中心名字叫 Questacon，墨尔本的叫"科学工场"（scienceworks）。昆士兰科学中心是昆士兰博物馆的一部分，占据博物馆建筑中的一层（level 1）。它所在的布里斯班河南岸市中心地带，全都是美术馆、博物馆、歌剧院、大型购物中心之类。在南岸望北岸，布里斯班的城市天际线非常醒目好看。

据官网介绍，昆士兰博物馆由昆士兰哲学学会创办于 1862 年 1 月 20 日，几经搬迁，1986 年迁到布里斯班河南岸的现址。开放时间是除耶稣受难日、圣诞节及次日之外的每天上午 9：30 到下午 5 点，门票大人 14.5 澳元，小孩 11.5 澳元。比堪培拉便宜，比墨尔本还贵一些。有意思的是，整个昆士兰博物馆只有科学中心要票，其他楼层则可以免费参观。地下提供停车场，停车费每天 15 澳元。

◁△ 从科学中心所在的布里斯班河南岸往北看过去，布里斯班的城市中心区高楼林立。

◁ 昆士兰科学中心（Sciencentre）

地下层（Ground floor）是入口，入口另一侧是恐龙展示区。坐扶梯上去到一层。扶梯下角落有一台老爷车。上到服务台买票，然后下楼参观。总的感觉，与堪培拉的国家科学技术中心相比，昆士兰科学中心的规模和展品都相对较弱，更不要比墨尔本的科学工场了。

◁ 入口

◁ 票价说明

▷ 耐心的服务台工作人员

◁ 恐龙展示区

老爷车可能是科学中心里仅有的一件历史藏品

◁ 电子屏幕展现科学幻想（science fiction）
和科学未来（science future）

◁ 辉光放电

◁ 托马斯·杨双缝实验（Young's Double Slit
Experiment），一举证明了光是波而不是
微粒。

　　进门处正面和左侧有大量的电子
屏幕，以表现科学幻想（science fiction）
和科学未来（science future），都是好
莱坞科幻的风格。电子线路板、机器
人令我反感。这些令人眼花瞭乱的屏
幕，显出一派过时了的游乐场风格。

△ 不同颜色的车皮吸热能力不同（Staying cool）

▽ 通过水流来展示飓风的形成（Whirling around）

　　进门右手边表现物理学原理的部分基本上是科学中心的一些经典展品，表现手法偶有创新，因此也值得一看。如辉光放电、激光三维图像以及一些光学展品如托马斯杨的光缝实验，颇有新意。再比如，表现不同颜色的车皮吸热不同，有些创意。通过水流来展示飓风的形成，更加清晰，是我见过的唯一一家用液体来表现气体之流体力学性质的展品。通过旋转一个装满液体的球而演示风暴的形成，其原理也是如此，别具一格。其余的展品包括：气球浮在空中不下落，闪电，手摇发电机创造电流，产生水波，用双手放在不同的金属上产生电流，感受磁力这种看不见的力，将球放进不同的管里结果下落的速度不一样，不同管长发出不同音高的音，黑洞或引力效应，水在不同频率的声波下产生不同的振动，通过镜子多重反射看出无限深度，通过镜子发现字母的对称，混沌摆，牛顿摆，上坡滚子，不同角动量的转子，测试短跑速度，搭拱桥，滑轮提升，量身高体重，大转筒产生错觉，数学积木，移动婆罗门塔，幼儿眼中的桌椅，隐身露头障眼法，视觉错觉房间，测试手握力，滚动轨道哪个快等，差不多都是一些大路货。这些展品跟我国许多省会城市的老科技馆差不多。这样看来，从科技馆的发展阶段来看，我国并不十分落后。我们目前欠缺的，一个是科技馆的人均数量跟不上，另外一个是工作人员素质和整体服务质量跟不上。至于硬件，我们的公立科技馆，往往能够后来居上。

▽ 产生水波（Making waves）

Spin up a Storm

What kinds of patterns can you create?

Use the circular handle to turn the sphere. Watch the patterns in the liquid.

What happens to the patterns if you turn the sphere more quickly, or reverse its direction?

The coloured liquid swirls around as you turn the sphere. The random patterns become more turbulent as you spin the sphere more quickly. Small changes in how you start it spinning can make huge differences to the patterns you create.

The Earth's air has swirling patterns like this. You can see them on satellite weather photos, where cyclones show up as spirals of clouds.

通过旋转一个装满液体的球来演示风暴的形成（Spin up a storm）

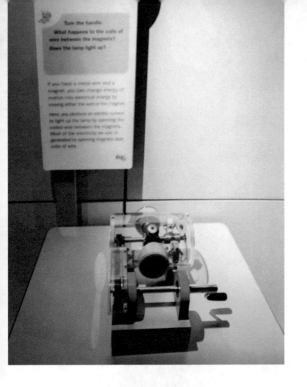

▷ 手摇发电机创造电流（Create a current）。全部线圈和磁铁都可以看见，电流通过电流计指针也可以看见。

▷ 手电池（Hand battery）。用双手放在不同的金属上可以看到电流计指针发生移动。不同的金属相接触，它们之间就会产生电势差和电流，手在这里只起一个导体的作用。

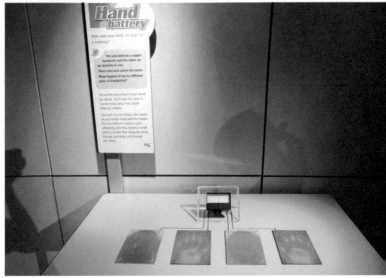

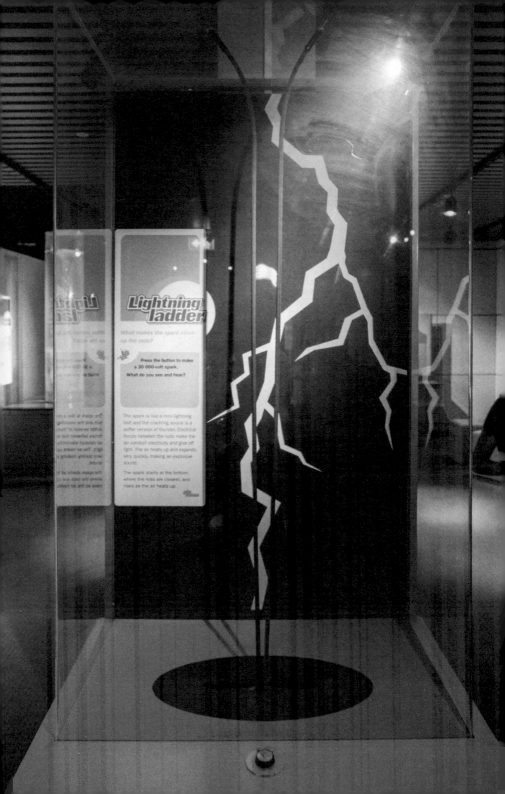

Lightning ladder

What makes the spark climb up the rods?

Press the button to make a 30 000-volt spark.
What do you see and hear?

The spark is like a mini lightning bolt and the crackling sound is a softer version of thunder. Electrical forces between the rods make the air conduct electricity and give off light. The air heats up and expands very quickly, making an explosive sound.

The spark starts at the bottom, where the rods are closest, and rises as the air heats up.

◁ 漂浮球（Floating ball）。在某种气流的作用下，气球能够浮在空中不下落。

◁ 闪电梯（Lightning ladder）

△ 感受磁力这种看不见的力（Feel the force）
　极性相反的磁铁端相接触会产生强烈的排斥

▽ 磁场与速度。将不同的棒放进不同的管里，
　下落的速度不一样（Slow the fall）。有的
　棒中带有铁，受磁场作用，其下落速度会受
　到影响。

▽ 水在不同频率的声波下产生不同的振动
　（Splashes of sound）

△ 通过镜子多重反射看出无限深度（See to
　infinity）。

▽ 不同管长发出不同音高的音

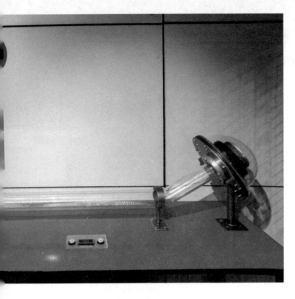

△ 黑洞或引力效应

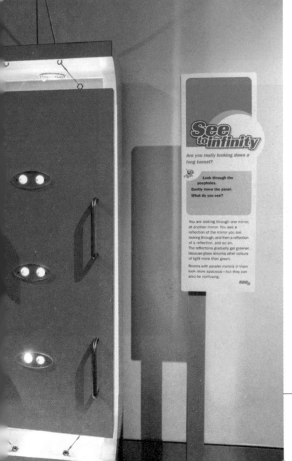

△ 通过镜子发现字母的对称性

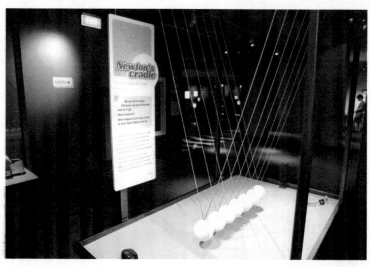

◁ 测试短跑速度

◁ 牛顿摆（Newton's cradle）

▽ 通过改变转子的质量排列可以
改变转子的角动量（Stop the
spin）

◁ 搭建拱桥

▽ 上坡滚子（uphill roller）。由于滚子的特殊形状
以及坡道的特殊安排，貌似上坡的滚子，它的重心
实则是在下降。

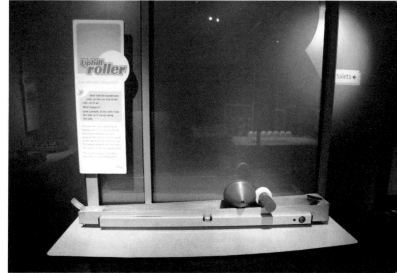

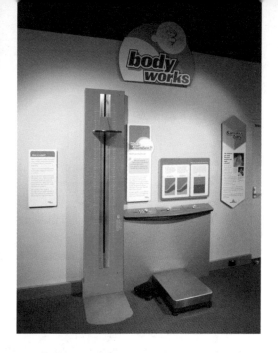

△ 量身高体重

▽ 移动婆罗门塔（Tower of Brahma）

▷ 滑轮提升（Pulley yourself up）

▽ 滚动轨道哪个快（Ball race）？

◁ 大转筒产生错觉

△ 数学积木   ▽ 幼儿眼中的桌椅

视觉错觉房间（Room for conclusion）

测试手握力（Hold and squeeze）

隐身露头障眼法（Disappearing body）

▷ 昆士兰州的科技文物

△ 老旧的显微镜

▷ 老旧的照相机

　　博物馆的二楼、三楼和四楼均免费参观，表现昆士兰州的生态环境、物种、地貌、文化、风物人情等，也有一些科技文物，但以动物标本为最。布展技巧很高，有些地方看起来就跟海底世界一样，但其实并没有使用水。科学中心下层的恐龙展也很不错，传播环境保护的理念。

　　昆士兰的科学中心表现一般，与我们在国内看到的许多科技馆差不多，但它的博物馆部分则有许多亮点。海洋鱼类标本布展和原住民的用具都很有特色。

Queensland in focus

What animal am

Here's your first clue... I am a

Asiatic Elephant • Hippopotamus • Southern Elephant Seal • Horse • Black Rhinoceros • One-humped Camel • False Kill
Crabeater Seal • Brown Hyena • Ross Seal • Polar Bear • Leopard Seal • Lion • Warthog • Common Bottlenose Dolphin • S

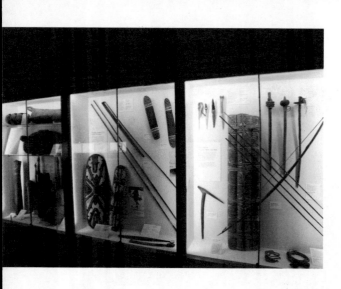

◁ 动物骨骼标本

◁ 原住民的弓箭和盾牌

◁ 原住民捕鱼工具

◁ 飞来去器（Boomerang）。澳大利亚原
　住民特有的飞镖，可以在抛出去之后自
　动回到抛掷者的手中。

▽ 捕鱼器具

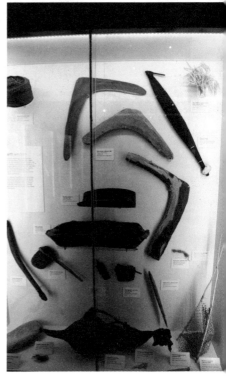

▽ 鸟类标本

▽ 鱼类标本

Family Potoroidae

Family Macropodidae

glossidae

◁ 有袋动物标本

◁ 爬行动物标本

◁ 大龙虾标本

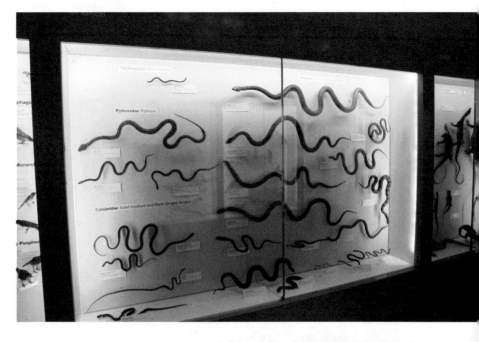

考拉标本

◁ 海底世界（Coral Coast）一

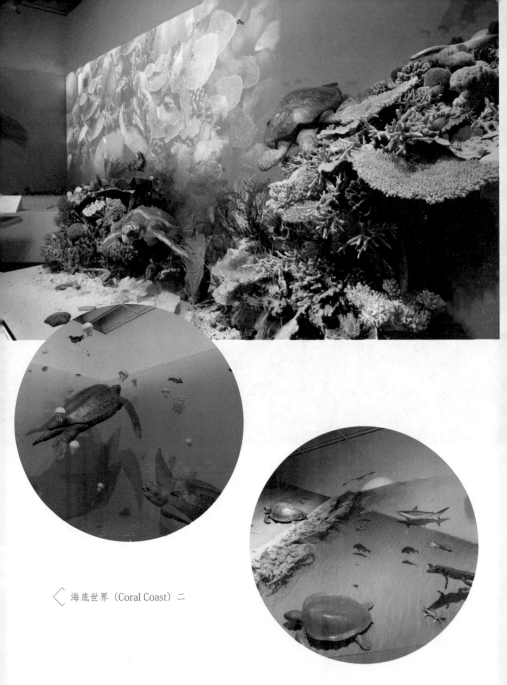

海底世界（Coral Coast）二

海底世界（Coral Coast）三

悉尼电厂博物馆
POWERHOUSE MUSEUM

Ramp at other end of platform

悉尼电厂博物馆
POWERHOUSE MUSEUM

　　悉尼是澳大利亚最大最著名的城市，也是新南威尔士州的首府。位于悉尼的电厂博物馆（Powerhouse Museum）是此次澳大利亚之行看到的最大规模的科技博物馆。这个博物馆的正式名称是"应用工艺与科学博物馆"（Museum of Applied Arts and Sciences，简称 MAAS），电厂博物馆是它的别称。该馆 1988 年开放，迄今不过 20 多年，但继承的却是上百年的藏品。

△ 悉尼电厂博物馆（Powerhouse Museum）的建筑外墙上把自己的名字缩写成 phm

　　据官网介绍，1879 年澳大利亚举办第一次世界博览会，花了 8 个月修建了花园宫作为博览会的场地。展会结束后，新南威尔士州政府买下优秀展品在原地成立了"技术、工业和公共卫生博物馆"（Technological, Industrial and Sanitary Museum），成为电厂博物馆的祖父。1882 年一场大火烧毁了花园宫，农业厅于是成为临时展地。收藏从此陆续开始。第一批最引人注目的收藏是新南威尔士的第一列火车，以及博尔顿和瓦特 1785 年制造的蒸汽机。1893 年在悉尼技术学院旁边建立了技术博物馆。1945 年，技术博物馆改名为"技术与应用科学博

物馆"（Museum of Technology and Applied Science），1950年又改为现在的正式名称。

随着收藏越来越多，博物馆的地方越来越不够。悉尼技术学院所在的哈里斯大街（Harris Street）上不远处，有一座建于1899—1902年的发电厂，本来是给有轨电车供电的，但有轨电车在1961年退出历史舞台，电厂一直荒废。1979年新南威尔士政府决定将博物馆移到这里。经过9年的筹备和建设，电厂博物馆于1988年3月正式建成开放。严格地讲，"电厂博物馆"只是"应用工艺与科学博物馆"的主要部分，是它的旗舰，因为悉尼天文台（Sydney Observatory）也属于"应用工艺与科学博物馆"的一部分。有些中文文献把它译成"动力博物馆"，有些莫名其妙，而且让人误解这是一个关于动力的博物馆。事实上，它是澳大利亚最大的综合科技类博物馆。

作为州立公共博物馆，它在100多年的历史中收藏了超过50万件藏品，保存了新南威尔士州的历史文化和科技遗产。博物馆除圣诞节外，每天上午10点到下午5点开放。门票大人12澳元，4-15岁的孩子6澳元，4岁以下免费。门票价格跟墨尔本接近，风格也很接近，都是历史悠久、藏品丰富、场地因陋就简、废物利用、门票便宜、物超所值。贵族还是暴发，一望而知。

博物馆共4层，其中入口是第3层，第4层面积较小，主要是办公场所。第3层往下，面积差不多大小，是展品的主要陈设地。

火车头以及火车司机模型

新南威尔士的第一列火车（从车尾看过去）

　　入口处买完票就可以看到一列完整的火车，这是新南威尔士州第一列火车，有蒸汽车头，有车厢，包括头等座和二等座车厢。这列火车1855年9月26日开始营运。铁路由悉尼到帕拉马塔（Parramatta），全长20千米。共有4列火车在这条铁路线上运行。本馆收藏的是其中的第1号。这列火车在运行22年后，被捐赠给本馆，成为本馆的镇馆之宝。

Ramp at other end of platform

新南威尔士的第一列火车

△ 博尔顿和瓦特 1785 年制造的蒸汽机（正面）.

　　接着往里走，是博尔顿和瓦特的蒸汽机原件，是他们 18 世纪后期合作制造的诸多蒸汽机中的一个，也是目前世界上保存的最古老的转动式蒸汽机（即把活塞的往复式运动转化为轮式转动）。这台机器 1785 年被制造出来之后，被安装在伦敦的一家啤酒厂（Whitbread brewery）。它在那里工作了 102 年，直到 1887 年退休。退休之时，正在那里访问的澳大利亚学者利物西季（Archibald Liversidge）教授请求把它捐赠给悉尼技术博物馆，获得同意后，才漂洋过海来到了澳洲。

　　1988 年，蒸汽机进行了一次大的修理，大部分部件被替换，特别是核心部件气缸和活塞。大修之后的蒸汽机可以正常运转。每天从开馆开始，这台古老的蒸汽机就开始工作，有节奏地发出沉重的声音。我目睹着巨大的轮子转动起来，心里十分震憾。我在大学课堂上给中国学生们不知讲了多少次瓦特的蒸汽机，但还是头一次见到真正的瓦特机在工作。我在那里反复徘徊，对着这件镇馆之宝看个没够。

博尔顿和瓦特 1785 年制造的蒸汽机

瓦特像以及瓦特生前使用过的实验仪器

负责操作的机师看我一直在看，还亲切地询问我有什么问题要问。于是我问他，这个转动的机器是在使用蒸汽动力还是在使用电力。他回答说，仍然依照原来的工作原理使用蒸汽作为动力。在机器轰隆的现场，有一个义工老头做解说。在他的身后，机器的前面也有视频解说。

这台蒸汽机高 9.14 米，宽 8.53 米，深 5.49 米，算是一个庞然大物，但它的马力只有 11 千瓦，而我开的小汽车都有 150 千瓦的马力。这个式样的蒸汽机有四种新发明，展品现场对此进行了深度解剖。第一个发明是采用了单独冷凝器，这个革新大家都很清楚，是瓦特对于蒸汽机的关键改进，使蒸汽机的热效率极大提高；第二个发明采用了太阳-行星式齿轮联动装置，使上下往复式运动转化为转动；第三个发明是采用平行联动装置，使得两个活塞的上下运动方向保持平行；四是增加了飞轮调速器，使蒸汽机输出的运动速度保持均匀，这是一个极具革命性的负反馈装置。对其中的飞轮调速器和平行联动装置，博物馆还设计了手动式的互动展品让观众体验，以加深印象。

◁ 博尔顿和瓦特 1785 年制造的蒸汽机

这位老年志愿者正在讲解

博尔顿和瓦特 1785 年制造的蒸汽机（从楼上俯看）

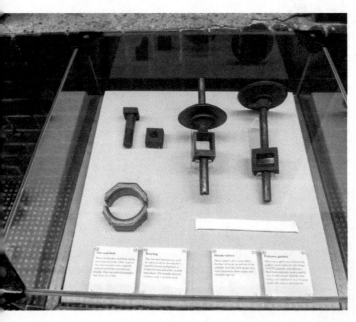

△ 观众可以通过上下拉动两个带黄色圆钮的拉杆，体会有（右）无（左）平行联动装置的区别。

◁ 蒸汽机原装小部件

这一层最里头是法国斯特拉斯堡大钟的一个复制件，是悉尼的一位叫作理查德·史密斯（Richard Smith）的钟表匠做出来送给新南威尔士州建州 100 周年的礼物。从 1887 年国庆节开始，这位钟表匠花了 3 年时间制作这件大钟。大钟后来被转赠给了技术博物馆，并且成为一件镇馆之宝。有意思的是，这位钟表匠从来没有到访过斯特拉斯堡大教堂，只是照着书上和明信片上的图样制作。大钟现在仍然定点表演，很有趣味。

▽ 飞轮调速器。观众可以转动轮子体会调速器的调速作用

◁ 法国斯特拉斯堡大钟复制件细部，战神和爱神依次乘马车出场。

▽ 法国斯特拉斯堡大钟复制品细部，中间的白底圆盘模拟地心体系诸行星的运行。

看完了放在最佳位置的这三件镇馆之宝，我开始注意到同一层还有一个展品系列，名为"改变了我们心灵的技术"（Technologies that changed our Mind），共列有人类历史上 15 种伟大的技术发明。展厅结束的地方，馆方还邀请观众写下自己认为应该包括进来的重要技术发明，并贴在一个特制的板上。这个展品系列的前言讲得特别好，兹译出如下：

我们塑造我们周围世界的能力，把我们变成一个独立的物种。我们设计各种技术以解决我们的问题，但是这些技术常常以未曾料想的方式影响了我们。它们脱颖而出因为它们改变了我们的思维方式。它们重新规定了我们的自我理解，以及我们在宇宙中的位置。

15 件改变了心灵的技术的选定并不是确定的，事实上，我们也为此发生争论。我们也没有对它们施予人性的影响做出好的或坏的判断。文化视角既反映在本博物馆的收藏上，也反映在究竟什么是技术对欧洲社会的影响上。它也只是第一世界的观点。我们难以想象一个没有钟表或书本的世界，但地球上许多社群的生活中甚至还没有卫生间。

今日正改变我们心灵的技术是什么？加入讨论吧！请告诉我们你是怎么想的！

馆方列出的 15 个发明是：钟表、石器、农业、印刷机、望远镜、显微镜、蒸汽引擎、内燃机、抽水马桶、电报、盘尼西林、避孕药丸、基因工程、手机和电脑。观众留言板上列出的重大技术发明还有：冰箱、电视、无线电广播和单反相机等。这 15 项发明均有实物陈列。实物通常出自新南威尔士州本地。比如，钟表用的是 19 世纪 60 年代铁路站台上的，石器用的是本州出土的。

◁ "改变了我们心灵的技术"（Technologies that changed our Mind）展品系列前言

◁ 馆方邀请观众写下自己认为应该包括进来的重要技术发明

◁ 观众把自己认为应该包括进来的重要技术发明写在纸片上，然后把纸片贴在一块黑板上。

〈 石器（左）和钟表（1860 年代悉尼铁路站台用的大钟）

早期的印刷机。这架印刷机是澳洲 1850 年代用来印刷报纸的。

早期的内燃机。这台内燃机是法国在 1918 年制造的。

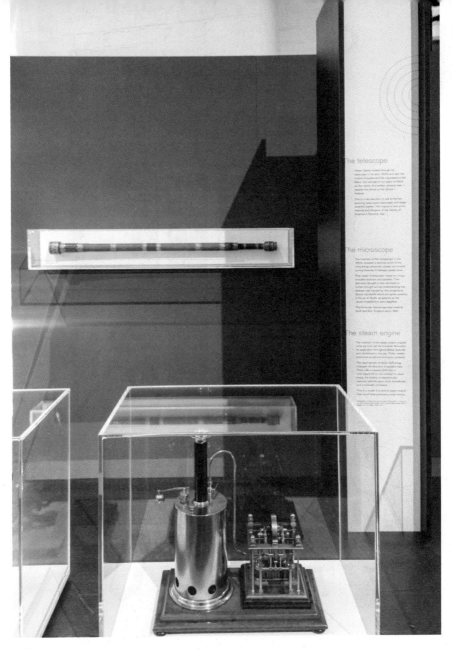

△ 望远镜（上）和蒸汽机模型（下）

1965 年制造的一台微型计算机

◁ 马桶(左)和电报机(右)　　▽ 抗生素(左)和避孕药丸(右)

15个技术发明展之外是"澳大利亚国际设计大奖"获奖作品展，与科学技术关系不大，我未关注。另一个展厅是"与光共嬉"（playing with light），是专门与光学有关的。里面有许多很好的展品，比如展示光的反射、折射，动手调整透镜自己制作一架望远镜，演示凸透镜与凹透镜对光的不同折射效果，三原色的合成，滤光镜，激光做成的防盗网等，都非常有特色，互动性很强。这一层还有一个"游戏大师"展（Game Masters），跟科技关系也比较远一些。为了省时间，我没有去看。

▽　"与光共嬉"展厅（playing with light）

◁ 按下按钮把绿色的光线点亮，上下移动左手边的旋钮，可以调节入射光的角度，观察
  光的反射和折射现象。

▽ 在这个台子上，观众可以自己动手放置透镜，制造各种光学效果。

◁ 演示凸透镜与凹透镜对光的不同折射效果

▽ 双面凸透镜对平行光的会聚作用　　　　◁ 凹透镜对光的发散作用

◁ 单面凸透镜可以产生平行光

◁ 三原色原理

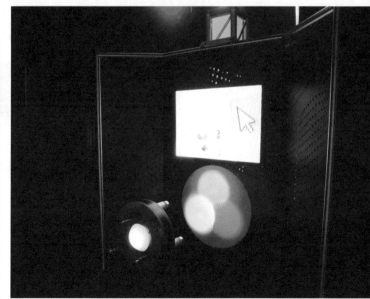

△ 动手调整透镜，自己制作一架望远镜。

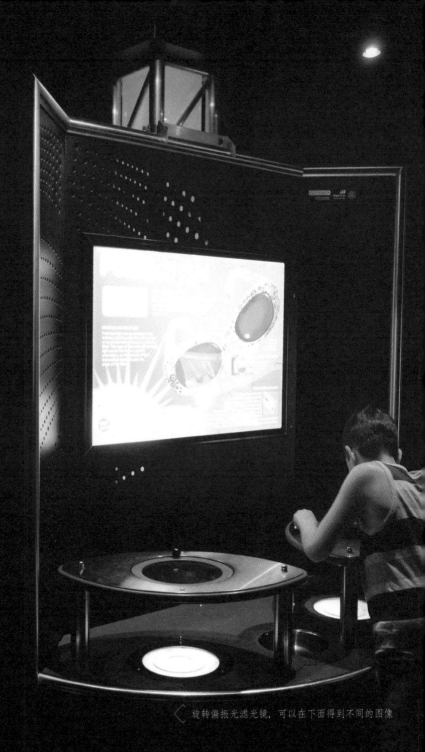

旋转偏振光滤光镜，可以在下面得到不同的图像

◁ 激光做成的防盗网

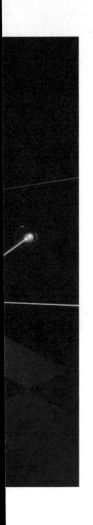

下到第 2 层。这一层多数展览与科技关系不大。一个是"披头士在澳大利亚"临时展览，展出他们在澳洲演出的各种媒体报道。一个是"突遇的服饰"，展出各种衣服。有一个是"澳大利亚设计者"，展出 7 个设计师的作品。一个叫"商店里有什么"（what's in store），展出 19 世纪 80 年代和 20 世纪 30 年代澳大利亚商店里的东西，引人注目的是有许多中国的东西，如胡琴和算盘。这层还有两个小型剧场。

这一层只有一个地方，也就是名叫"蒸汽革命"的展区，展示了大量蒸汽时代的重型机械，有蒸汽机、水压机、汽车、大吊车。它实际上占据了第 2 第 3 两个楼层，明显利用了原有的车间厂房。空中还吊了两架小飞机。

第 1 层是名符其实的科技博物馆，一共有"太空""交通""实验""核能""赛博世界：计算机与链接""生态"六大科技展区，也有"乐器""魔术公园""悉尼歌剧院 40 周年展"等少数几个非科技类型的展区。这层的展示，历史藏品与互动式展品兼而有之，是科学工业博物馆与现代科学中心两种展陈模式的结合。

太空展区和交通展区占了三层楼高，展出了大量的各式交通机械和航天器实物和模型。有背负巨大太阳能板的飞机，有中国的轿子和人力车、西方的马车、摩托车、蒸汽火车头、飞机和火箭发动机。实验厅和核能厅

△ 背负巨大太阳能板的新型飞机

里有许多历史上物理实验的复原：有弧光灯、摩擦生电、起电机、等离子体弧光球、动磁生电、动磁驱动电机、伏打电堆、磁鱼表示磁力线和电椅，还有医学手术室里的核磁共振装置。赛博世界里有从打字机到电子计算机在内的历代计算机。生态区里有处理水污染的实验室，有垃圾的展示。

△ 月球车模型

退役的火箭发动机

巨大的火箭发动机下面是戈达德火箭的模型，这是有史以来第一个液体燃料的火箭。

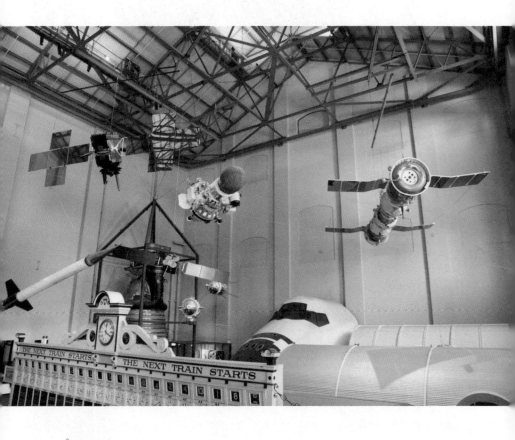

△ 航天器模型

◁ 老式飞机

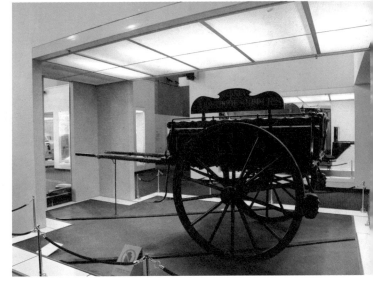

▷ 飞机模型

◁ 四轮马车

△ 中国的轿子和人力车

▷ 两轮马车

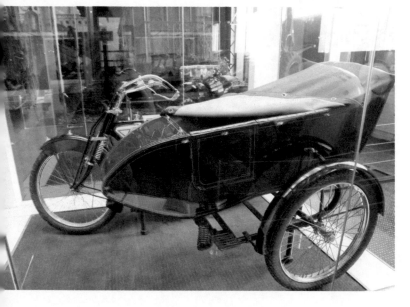

△ 早期汽车

◁ 各种摩托车

△ 各种摩托车

◁ 蒸汽火车头　　　▽ 汽车模型

◁ △ 太空展区　　　◇ ▽ 宇航服

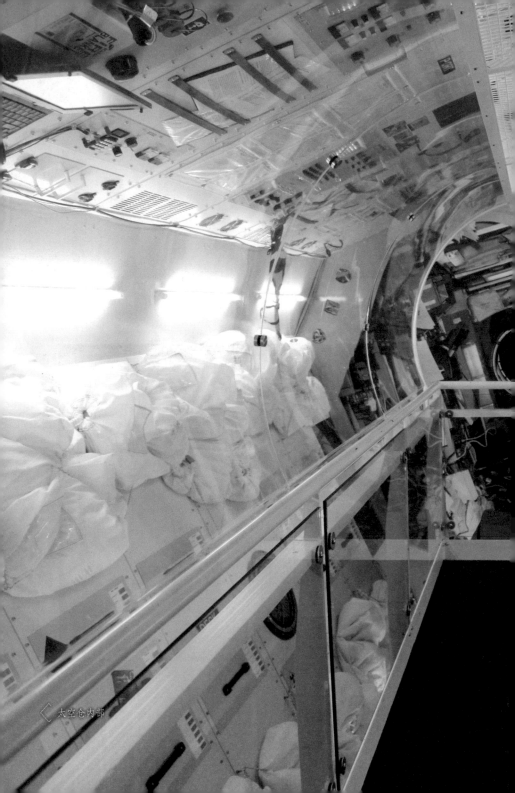
太空仓内部

△ 等离子体弧光球（plasma ball）

◁ 磁鱼在磁场中自动排列成磁力线的形状

▽ 老式启电机（machine for making static），
观众仍然可以摇动手柄产生静电。

实验厅（experimentations）

◁ 水实验室

▽ 医学手术室里的
核磁共振装置

 伏打电堆

▷ 处决犯人的电椅

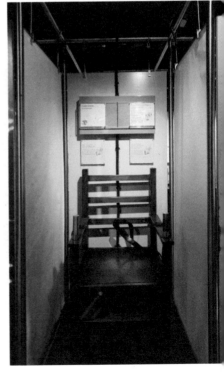

yberworlds:
computers and connections

△ 赛博世界入口处　　　　　　　▽ 继电器驱动的电动计算机，用纯铜制作，十分精美。

<△ 早期的手摇和电动计算机　　　<▽ 键盘与打字机　　　<▽ 英国数学家巴比奇设计的计算机

花了一整天时间看完悉尼电厂博物馆，感觉内容非常丰富。三大镇馆之宝令人震撼。在此行参观过的澳大利亚所有的科技馆中，电厂博物馆无疑首屈一指，原因在于它能够提供全方位的历史、人文、科学、技术的展品，而不只是单纯的互动科技展品。我一直在思考，真正有生命力的博物馆恐怕必须有自己的收藏。只有互动展品的科学中心，仍然是有缺陷的博物馆。未来的科技馆要注重把历史、社会、人文的因素引入布展理念、展厅环境和互动展品之中。

　　天文台是一座意大利式建筑，中间塔楼上的黄色球用来报时。每天下午 1 点整，黄色球降下来，告诉悉尼居民以及来往船只调整钟表。这个报时工作一直持续到今天。

次日参观悉尼天文台。悉尼天文台位于悉尼达令港东北面的天文台山上。这座悉尼地区最高的山峰海拔有 40 多米，原来称作风车山（Windmill Hill），自 1857—1859 年建造了天文台之后，便改名为天文台山。悉尼天文台自建成以来，一直加入国际天文学界的巡天计划，观测并绘制南半球的星空图，直到 1960 年代为止。为南威尔士地区提供授时服务是它的另一项重要功能。1982 年，悉尼天文台成为应用工艺与科学博物馆的一部分，结束了它作为南半球天文科学研究重镇的历史。今天的悉尼天文台致力于天文教育和公众天文观测服务，深受悉尼居民和游客的欢迎。

除了圣诞节等三个节日外，天文台每天上午 10 点至下午 5 点开放。普通观众免费，参加讲解团的大人 10 澳元，儿童 8 澳元。晚场需要预约，大人 18 澳元，儿童 12 澳元。晚场可以使用望远镜观天，以及进 3D 剧场看节目。

天文台内部并不大，但藏品精致，互动展品也设计得恰当而好用，能够引发公众对天文学的兴趣。里面的工作人员非常用心，对观众提出的任何问题都耐心解答。据我观察，参观者许多是来自世界各地的游客。悉尼天文台已经成为悉尼一处经典的旅游景点。

△ 悉尼天文台的子午仪。天文学家可以躺在椅子上观测本地的天顶。

可以演示昼夜交替的地球仪。观众按动按钮可以看到地球上不同地方如何同步迎来白昼。

◁ 铜制的太阳系仪，观众可以按动按钮，观看行星绕日转动。

▽ 另一个铜制太阳系仪，可以精巧地演示地球带领月亮绕太阳公转的过程。

◁ 这是夜场观天的地方，
　白天可以免费参观。

◁ 观众可以自己调整光学
　镜片制作一个望远镜

△ 天文台曾经也是气象站，这里陈列的是当年的气象观测仪器　　▽ 气象观测仪器

◁ 从天文台二楼窗户望出去，港口清晰可见

这个天文台山不仅是观测星空、授时报时的地方，也是观测和记录气象数据、为过往船只发送旗语信号的地方。比天文台略低的位置仍然树立着高大的旗语杆。

走向科学博物馆

中国的科技馆事业正在进入快速发展时期。公众参观科技馆的意愿越来越高，各级政府投资兴建科技博物馆热情也很高。然而，什么是科技馆？应该以何种路径发展科技馆？这些基本的理论问题还没有引起足够的关注。基本的理论问题没有达成共识、甚至处在无意识状态，我们的发展就有盲目的危险。

可以肯定，科技馆是一种来自西方发达国家的文化制度，要解决这些理论问题必须先正本清源，回到西方的语境之中，考察它的历史由来和发展历程。然而问题在于，迄今为止，我们日常习用的"科技馆"或"科学技术馆"等名称还没有官方正式发布的英文名称，以致于我们甚至无法肯定"科技馆"是否是博物馆，以及如果是的话，它对应的是哪种博物馆类型。

在西方国家，广义的科学博物馆（Science Museum）包括自然博物馆（Natural History Museum，简称NHM）、科学工业博物馆（Museum of Science and Industry，简称MSI）、科学中心（Science Center，简称SC）三种类型，狭义的科学博物馆往往专指其中的第二类即科学工业博物馆。中国科协下属的中国自然科学博物馆协会目前下设自然博物馆、科技馆、自然保护区、水族馆（动物园、植物园）、天文馆、专业科技博物馆、湿地博物馆、国土资源博物馆等专业委员会。按照这个组织架构，似乎我国的"自然科学博物馆"相当于西方广义的"科学博物馆"，而"科技馆"，就目前全国各地实际的科技馆建设方案来看，不搞收藏、专门展出互动展品，则相当于西方的"科学中心"（比如广东省就称"广东科学中心"而不称"广东省科技馆"）。这样一来，我国的科学博物馆事业中就可能漏掉了综合的"科学工业博物馆"这个环节。

我认为，关注"科学工业博物馆"这个环节，是中国科学博物馆事业发展中的题中应有之义。走向科学博物馆，回归科技馆的博物馆本性，是未来中国科技馆事业发展中不可忽视的一种思路。

一 什么是科学博物馆

科学博物馆首先是博物馆。什么是博物馆？博物馆的基本功能是收藏、维护、展览，同时又要发挥研究、教育和娱乐的作用。在历史的发展过程中，博物馆的功能和定义发生了很多变化。传统上，博物馆是行使收藏、维护和展览功能的非营利性的常设机构：强调

"常设功能"是要与博览会相区别，强调"非营利性"是要与娱乐场相区别。此外，现代博物馆越来越强调自己的教育功能，但它是一个非正式教育场所，与正规的学校教育不同。科技博物馆本身也有变化。科学中心、天文馆可以不收藏。收藏的也不一定只是标本，也可以看活的东西，比如动物园、水族馆。这些场馆现在也被归入科技博物馆的行列。

总的来说，从内容上讲，博物馆有三大类别：艺术博物馆（Art Museum）、历史博物馆(History Museum)、科学博物馆(Science Museum)。在发达国家，科学博物馆的观众数量增长很快，直追传统的艺术博物馆和历史博物馆。

科学博物馆有广义和狭义之分。正如前面所说，广义的科学博物馆有三个大的类别：第一个类别是自然博物馆，收藏展陈自然物品，特别是动植矿标本，观众被动参与；第二个类别是科学工业博物馆，收藏展陈人工制品，特别是科学实验仪器、技术发明、工业设施，观众也是被动参与；第三大类别是科学中心，通常没有收藏，但观众是主动参与，通过动手亲身体验科学原理和技术过程。狭义的科学博物馆指的是其中的第二种，区别于自然博物馆和科学中心。

我国的"科技馆"目前走的就是科学中心的道路，但是始终没有采用科学中心的名称，只有广东明确打出旗号叫广东科学中心，其他地方都还叫科技馆。

关于这三个类别的科技博物馆，在我国有一个广泛存在的认识误区。有些人认为上述三个类别是科技博物馆发展历史的三个阶段：自然博物馆活跃于 17、18 世纪，科学工业博物馆馆活跃在 19 世纪，科学中心活跃在 20 世纪。这当然也不错，但我们要注意到，历史上三种类别的科技博物馆虽然有历史先后的顺序关系，但是，新的类型出来之后并没有把老的类型取代掉。科学工业博物馆出来后，自然博物馆没有被取代。同样，科学中心出来之后，科学工业博物馆也照办不误。因此，我们要认识到，三大类别的科学博物馆既是历时的又是共时的："历时的"，是历史上先后出现的；"共时的"，后者并不取代前者，而是各有所长、相互补充、相互借鉴、相互渗透。比如，今天的自然博物馆和科学工业博物馆都大量采纳科学中心的互动体验方法来布展，改变了传统上观众被动参与的模式。

在中国科学博物馆的发展过程中，我们跳过了科学工业博物馆这个环节，直接走向科学中心类型。这个做法也许有它的历史合理性，但是，我们也要反思它的问题。缺乏科学工业博物馆这个环节，可能使我们忽视科学技术的历史维度和人文维度，单纯关注它的技术维度。

二 科学博物馆的历史由来

博物馆（Museum）是现代特有的文化机构，但其词源是希腊语的 Mouseion。

Mouseion 原意是供奉智慧女神缪斯（希腊语 Mousai，拉丁语 Muses）的神庙。托勒密王朝统治下的埃及亚历山大城曾经建有一个被命名为 Mouseion 的文化机构。它包含有图书馆、动物园、植物园和研究所，收留学者在这里开展科学研究，大体相当于我们今天的科学院，并不是现代意义上的博物馆。科学史界通常将之音译为"缪塞昂"，或译成"缪斯宫"，而不译成"博物馆"。

现代意义上的博物馆起源于文物古玩的收藏传统。收藏之风自古皆有，中外皆同，王公贵族、帝王将相都有此爱好。古希腊和古罗马时代，人们常常在神庙里供奉稀有之物。中世纪这一传统似乎中断，但据史载，在有些修道院里也有关于植物标本、化石、矿石和贝壳的收藏。

文艺复兴时期，对古代书籍和古代遗物的收集成为时尚。新大陆的发现和世界航路的开辟，使欧洲人眼界大开，来自异域的奇珍异宝为达官贵人们所亲睐。印刷术的发明，使得收藏家之间可以便利地传播和交换各自的藏品目录。到了 17、18 世纪，私人收藏极为盛行。

现代意义上的博物馆是现代性的必然产物。何谓现代性？现代性是现代社会的发展所遵循的、借以区别于前现代社会的基本原则，它至少包含人类中心主义的原则和征服自然的原则。作为征服自然的战利品，各种动物、植物和矿物标本被采集和收藏，成为博物馆的第一批藏品。

从现代性的角度看，博物馆是干什么的呢？为什么博物馆这种文化制度只出现在现代的欧洲，而没有出现在古代希腊或中国？我认为，首先一点，博物馆是现代性自我生成、自我确认的场所。出国旅游的人都知道，西方的博物馆是西方社会的典型文化景观。旅游不看博物馆，基本上遗漏了核心的人文景观。一个人看博物馆的多少，意味着他进入现代性的程度和深度。我们中国人出去玩很少看博物馆，我们没有养成看博物馆的习惯，那是因为我们尚未进入现代，尚未成为现代人。

为了理解博物馆是现代性的生成和维系场所，是现代社会合法性的生产场所，我们只须举一个例子就可以看得很清楚。我们中国并不是没有博物馆，我们中国人其实也看过一些博物馆，但我们拥有的和看过的大多数是革命博物馆，这正是我们的政治课所要求的捍卫革命神圣性和合法性。通过革命博物馆的反复参观，让我们认同没有共产党就没有新中国、只有社会主义能够救中国。实际上，西方社会里的博物馆也有这种隐蔽的功能。无论科学博物馆还是自然博物馆，都有这种功能。博物馆里的展品不是单纯的中性的展品，本身就是在维护某种东西的合法性。博物馆的空间划分也不是中性的。还举我们中国人比较熟悉的例子，比如，某个过去有争议的人物进博物馆了，这就意味着有新的政治动向。我们不太讨论航天飞机进博物馆，也不太讨论大鲨鱼进入博物馆，只是因为我们对这些东西不敏感。

在西方国家，人种博物馆的展品摆设经常会有政治正确还是不正确的问题。奋进号航天飞机退役后进入了加州科学中心，成为当时轰动一时的公共事件。上海老自然博物馆要拆除，引发了一代上海人的怀旧潮。所有这些，都是因为博物馆深深植根于现代社会借以获得合法性的现代性之中。

博物馆在近代欧洲的出现，与现代性对自然的征服有关。所有的征服者都喜欢展示陈列战利品，通过陈列战利品感觉自己很伟大。现代西方人对自然的征服，对非西方人的征服，催生了博物馆这种文化场所的出现。最早的博物馆主要是征服自然的战利品：各种各样的动物、植物、矿物标本拿出来显摆，显示西方人对自然的控制。

博物馆是从私人珍藏室和珍宝馆脱胎而来的。珍宝馆往往以收藏为主，不对公众开放。博物馆之诞生的关键是建立"公众开放"观念。1682 年，英国贵族阿什莫尔（Elias Asmole）将其收藏的钱币、徽章、武器、服饰、美术品、出土文物、民俗文物、动植物标本捐献给牛津大学，创立了世界上第一座博物馆——阿什莫尔博物馆（Asmolean Museum）。阿什莫尔博物馆的旧址在牛津的宽街上面，旧址大楼现在是牛津大学的科学史博物馆。今天的阿什莫尔博物馆搬到了不远处的另外一个地方，主要是一个艺术博物馆而不是自然博物馆或科学博物馆。

然而，早期的博物馆通常主要收藏和展示自然标本，都是自然博物馆。

18 世纪博物馆开始大爆发，先后诞生了爱尔兰国家博物馆（1731 年）、维也纳自然博物馆（1748 年）、伦敦大英博物馆（1753 年）、威尼斯艺术学院美术馆（1755 年）、哥本哈根国立美术馆（1760 年）、俄国爱尔米塔什艺术博物馆（1764 年）、西班牙国立博物馆（1771 年）、美国南卡罗莱纳查尔斯顿博物馆（1773 年）等博物馆。

18–19 世纪博物馆大发展，源于启蒙运动和法国大革命后对公共教育的重视。许多贵族珍藏室开放成为博物馆。1793 年，卢浮宫改建为共和国艺术博物馆具有象征和示范意义。启蒙运动造就自我认同，民族国家的自我认同，通过什么？通过博物馆。我们要体现民族自豪感？通过博物馆。18 世纪以后的博物馆，越来越多开始从事教育功能。之前的博物馆主要以研究为主，一般不开放或者开放得很少，一周开几次，放几个人进去。法国大革命之后，原来的皇宫、皇家花园对普通公众开放，成为博物馆、植物园。

18–19 世纪，也是自然博物馆大发展的时期。这时期，动物、植物、矿物、人种等博物学科（Natural History，自然志）有了极大地发展。自然博物馆通常是博物学的研究基地。对自然界进行盘点的结果就是出现了世界四大自然博物馆：法国自然博物馆（1742 年）、伦敦大英博物馆（1753 年成立，其自然部于 1881 年分立出来，1963 年正式成立大英自然博物馆）、美国华盛顿国家自然博物馆（1773 年）、纽约美国自然博物馆（1869 年）。

19世纪博物馆大发展，还源于殖民主义者对非西方文明的文化遗产的掠夺。

18世纪工业革命产生的一个后果是，谁掌握了工业谁就是世界老大。整个19世纪是科学工业博物馆大发展的时期，著名的科学工业博物馆有法国巴黎工艺博物馆（1794年）、维多利亚和阿尔伯特博物馆（1852年）、伦敦科学博物馆（1857年）、洛杉矶科学工业博物馆（1880年）、日本国立科学博物馆（1871年）、莫斯科科学技术博物馆（1872年）、芝加哥科学工业博物馆（1893–1933年）、慕尼黑德意志博物馆（1903年）、维也纳技术博物馆（1918年）、亨利·福特博物馆（1929年）等。这些博物馆都起源于对工业革命成果的回顾与展示。

世界博览会催生了科技博物馆，比如1851年伦敦举办的首次世界博览会催生了伦敦科学博物馆，1876年美国费城举办的世界博览会催生了富兰克林学会科学博物馆。世博会与科技博物馆的共同之处是，都收集和展示；都接待观众；都维护展品。世博会与科技博物馆的不同之处在于，博物馆是常设机构而世博会不是；世博会更多的是娱乐而非教育；世博会更多展示而不收藏。

世界博览会成了展示国家工业成就的方式。在展览会结束之后，或是将世博会的展品交给某个博物馆，如上海世博会云南展厅的恐龙化石在上海世博会结束后交给了上海科技馆；或是建立一个博物馆以收藏和展示世博会的展品，如英国在首次世博会之后就建立了维多利亚和阿尔伯特博物馆，其中科学与工业类的藏品于1853年分离出来，成立了南肯辛顿科学技术博物馆，后来演变成为伦敦科学博物馆。

最早的工业技术博物馆诞生于法国，这就是今天的法国巴黎工艺博物馆（Musee des Arts et Metiers, Museum of Arts and Crafts），它与国家工艺学院（Conservatoire national des arts et métiers, National Conservatory of Arts and Crafts）互为表里，用我们中国人的话说就是一个实体、两块牌子。前者负责对外布展，后者负责收藏。国家工艺学院成立于1794年，专门收藏科学仪器和技术发明。现今的巴黎国家工艺博物馆于2000年重新整修以现名对外开放。博物馆目前展出2400件历史性的藏品，包括傅科摆原件、自由女神像原模、帕斯卡计算器原件、拉瓦锡的实验仪器原件这些极为珍贵的科学技术历史遗产。

我国科技馆界工作人员去法国考察，很少去看工艺博物馆，都是去看维莱特科学中心和发现宫，原因就是我们缺少科学博物馆的第二种类型——科学工业博物馆。法国的三类科学博物馆是分开建的：法国自然博物馆、法国工艺博物馆、维莱特科学中心和发现宫四足鼎立。伦敦科学馆是合二为一，里面既有科学中心，也有科学工业博物馆的那些东西。芝加哥科学工业博物馆、德意志博物馆与伦敦科学馆的模式相似，都是科学工业博物馆 +

科学中心。

20 世纪科学博物馆大爆发，与人类进入科学时代有关。博物馆对科学时代的追随稍微晚半拍。19 世纪已经是科学的世纪，但公众开始喜欢科学、追逐科学，在 20 世纪表现得最为充分。20 世纪 50 年代以来，科技博物馆成倍增长，大大超过其它类型博物馆的增长速度。其中科学中心的崛起，是科学博物馆整体数目上升、影响增大的主要因素。现在经常提到的旧金山探索馆、安大略科学中心和维莱特科学中心，均是 50 年代之后的产物。

三 我国科技馆的现状与问题

中国博物馆是从西方传过来的，是西学东渐的结果。中国文化本来就缺乏博物馆传统：一来重"文"轻"物"，二来没有公共公开意识。王公贵族有收藏奇珍异宝之好者，往往私藏而秘不示人；中国人的文化认同主要靠"文"和"字"，并不通过以"物"为主的博物馆。中国人自己创建的第一座博物馆是南通的博物苑，由实业家张謇于 1905 年创办。

中国的科技类博物馆在所有博物馆中起步最晚。1958 年中国科技馆开始筹建而没有建成，直到 1988 年中国科技馆一期工程才完工。后来，各地陆续建了很多科技馆，但很多科技馆有其名无其实。多数打着科技馆名号修建的建筑，经常被挪作它用，有些甚至完全没有展品。直到 2000 年底中国科协颁布《中国科协系统科学技术馆建设标准》，此后科技馆建设才逐步走上正规。

近十几年科技馆发展形势喜人，主要是由于我国经济发展、政府投资、观众量增长的推动。现在各地已经建成了不少建筑面积超过 2 万平方米的大型科技馆，还有一大批正在建设中，如河南科技馆新馆、湖北科技馆新馆等。今后若干年，所有省会城市都会陆续建成超过 2 万平方米的大型综合性科技馆。

我国科技馆发展虽然形势喜人，但问题也比较突出。有些问题正在逐步解决。比如科技馆曾经经费不足，现在政府经费拨款普遍增加；曾经科技馆缺少起码合格的工作人员，现在中国科协和教育部联合培养高层次科普专门人才，办了很多科普方向的硕士研究生班，主要为科技馆培养后备人才；曾经科技馆难以吸引参观者，现在中国进入休闲社会，加上很多科技馆免费开放，观众十分踊跃。

当然，还有一些问题尚未解决或者尚未完全解决。一是理论研究滞后，许多基本的理论问题没有仔细研究、形成共识。二是展览水平低，展品雷同，特色不够。为什么特色不够或者雷同？我认为主要的原因在于，中国的科技馆都自觉不自觉地把自己等同于科学中心，完全不收藏，只搞互动展品。在世界范围看，科学中心模式本来就很难创新，加上中国的科技馆界通常自己缺乏研制展品能力，只能照搬照抄国外科学中心的展品，千馆一面就几乎是必然的后果。世界上一些有名的科学中心我都去看过了，我觉得都差不多。你要看特色，就必须有历史藏品，只有历史藏品才会有特色。我们把科技馆等同于科学中心，就难免雷同、千馆一面。当然，雷同也未必是坏事。每个省会城市办一个这样的馆，即使相互之间雷同，也问题不大。普通观众也不会像专家一样，比较各省会城市的科技馆。只要各省会综合大馆充分发挥自己的功能就可以。

我国科技博物馆的发展是跨越式发展，从自然博物馆直接到科学中心，缺失了科学工业博物馆这个环节。这一来是因为中国的工业化时间短，值得保存的工业遗产较少；二是因为我们普遍对科学技术的理解仅限于科学和技术本身，未考虑到科学技术的社会背景和人文的关联，历史维度淡薄。

跨越式发展，直接发展科学中心当然有它的合理之处。科学中心无须收藏，这样易于白手起家，尽快一步到位；此外，互动体验型展示，观众亲自动手，深受观众尤其少年儿童的喜欢，可以很快聚集人气，产生效果。

我们要想创造不雷同的科技博物馆，从根本上看，一是发展各馆自己的自主研制展品的能力，二是补上科学工业博物馆这个环节，开展科学技术与工业历史遗产的收集、收藏和布展工作。

四 走向科学博物馆

我们的跨越式发展，错失了对我们的工业遗产、科学遗产的收集整理，导致科学工业博物馆这个环节缺失。当然这不是科协一家的事，是全社会的事情。我经常在北大和校领导讲，我们北大为什么不建科学博物馆？为什么不抓紧收集北大历史上的理科教具、科研设备、设施？可是很多人没有这个概念，中国科学院也没有这个概念。中国人本来就重文轻物，文字传统压倒器物传统，这个制约了科学博物馆事业的发展。现在的许多校史馆、博物馆，器物遗产非常少，多是一些文字文物，甚至只有一些临时展板。

科学中心是时代发展的趋势，确实非常好。20世纪科学博物馆吸引那么多观众参观，这与科学中心的发展有关系。科学中心有没有缺点呢？我认为是有缺点的。首先，互动体验型展品更善于表达物理学，如力学、声学、光学、电磁学知识，但不太善于表现进化论、博物学、化学、生物学。其次，过份强调动手，观众就不怎么动脑了，极大地削弱了科技馆的教育功能，而沦为游乐场。在科学中心里，小孩子特别高兴，十分热闹，但是氛围不适合慢慢的品味。我们到艺术博物馆去，可以站在画前静静地欣赏好长时间，但在科学中心里难以做到。光强调动手不强调动脑会削弱教育，容易沦为游乐场。第三，展品设计者将科学原理和技术过程物化的过程中，过于明确地提供标准答案，没有开放性问题，杜绝了观众自主思考的余地。第四，就科技谈科技，缺乏来龙去脉的历史背景展示。第五，借助高新技术的互动展品容易被飞速发展的家庭娱乐电子设备所赶上甚至超过，逐渐丧失魅力，科学中心模式要么不可持续，要么面临不断的更新换代，极大地提高了运行成本。

我受湖北省科协的委托帮助设计湖北省科技馆新馆。我的一个设想就是，将新馆设计成一座科学博物馆，叫做湖北省科学博物馆，不叫科学中心，也不叫科技馆，明确叫"湖北省科学博物馆"，明确向科学博物馆的第二种类型（科学工业博物馆）回归，以伦敦科学博物馆为范本。伦敦科学博物馆展示的主要是历史遗产，是实物，并且想方设法把科技遗产的历史背景、人文的走向放进去，大人也可以在那儿久久地欣赏。在科技的历史遗产旁边有互动的展品来模拟，小孩可以玩这个。我们现在的科学中心基本上和车间差不多，展品后面的背景墙面利用很少，不像艺术博物馆和历史博物馆很重视背景布置。科学中心一般不重视背景。我举个例子，大气压的实验那是很有名的科学史事件，科学中心很少讲这个历史故事，而是直接把球内的空气抽出来让观众拉不开，从而体会大气的压力。但观众很少知道这件事情的来龙去脉。实际上，布展的时候可以模仿当年在马德堡做这一实验的历史情境，这样可以把科技的发展过程表现出来，揭示近代科学的诞生从一开始就和王公贵族的喜爱以及普通民众的积极参与结合在一起。

我的方案就是尝试把科学博物馆的三种模式融为一体。不同国家的科学博物馆发展模式不一样。伦敦是合二为一，法国一分为三，其他国家各有不同，有的合在一起做，有的分开做。我们国家缺乏大型综合科学工业博物馆。我们有火车博物馆、汽车博物馆、航天博物馆，但是没有一个综合性的科学博物馆，以展示近代西方科学技术向中国的传播过程，以及中国建立自己的科学技术体系的过程。这一空白应予弥补。

展望一个融自然博物馆、科学工业博物馆（目前中国几乎是空白）、科学中心三种模式为一体的综合性科学博物馆，她应该是：

——以历史为主线（而非以学科领域）划分展区，展现科技的发展历程，讲述一个完整而非碎片的科学故事；

——在历史情景中参与体验科学原理和技术过程。仍然发挥当代科学中心的特长，支持动手体验，而且是重演历史上的伟大发现过程。

——体现科技与社会、科学与人文的互动关系，支持观众的主动参与，对科学发展的社会后果进行辩论，提供不同讨论进路。

本文原载于《自然科学博物馆研究》2016 年第 3 期